JN146447

トランザクティブ エナジー

持続可能なビジネスと電力の規制モデル

スティーブン・バラガー／エドワード・カザレット
山家公雄［監訳］

Transactive Energy

A Sustainable Business and Regulatory Model for Electricity

Stephen Barrager, Edward Cazalet

エネルギーフォーラム

Transactive Energy

A Sustainable Business and Regulatory Model for Electricity

by

Stephen Barrager Edward Cazalet

Printed in the United States of America

Japanese translation rights arranged with

Public Utilities, Inc. U.S.A.

エネルギーも分散型システムに

電力システムは、文字通り100年に一度の変革期にある。「大規模・集中・一方通行」から「小規模・分散・双方向」へ、いわゆる「分散型システム」へ転換する。よく固定電話と携帯電話に例えられるが、いまひとつ半信半疑のところがあった。あまりに既存システムに馴染んでおり、その担い手である既存電力会社が強かったからである。

ところが、世の中は急激に「分散型システム」へ移行を始めている。契機は再エネの急速な普及と省エネの進展である。背景には自給向上志向、低・脱炭素化、新産業創造への期待がある。パネル、風車、蓄電池等のコストもムーアの法則に則り急減している。その結果、需要家はプロシューマーとなり、個々にエネルギーを自給するようになり、既存供給者は需要家が不足するタイミングでの供給に限られるようになる。蓄電池やヒートポンプ、水素が普及すると、その役割すら小さくなる。

電力デス・スパイラル発生は不可避に

供給側がボリュームの減少をカバーするべく料金を上げるとますます自給を刺激し、さらに供給減を招き料金の再引き上げを余儀なくされる。この状況は「電力事業のデス・スパイラル」と称される。自由化の中で発電事業者が変身を余儀なくされるのはまだ分かるが、インフラを管理運営する配電会社を維持できなくなると社会的に困ることになる。どうしたらいいか、再エネ導入率50%を公約するカリフォルニア州、ニューヨーク州はこの問題に直面しており、配電領域の新たなモデル構築を模索しているところである。これに関してはエネルギーフォーラム新書「アメリカの電力革命」にて解説がなされている。

訳者前書き

電力分散型システムの要諦を簡明に提示
「電気」と「輸送」を
「先渡し」で計画し「スポット」で運用する

電力分散型システムを簡明に提示：
キーワードは「先渡し」「スポット」「電気」「輸送」

本書は、その処方箋を分かりやすく示している。卸・送電部門で浸透している価格メカニズムとシステムを小売り・配電部門まで拡充すること、電力という商品を物理的な電気と輸送に分離し、それぞれ価格メカニズムで需給を決めることの2つである。価格メカニズムについては、投資判断基準を提示する「先渡し取引」と運用（運転）判断基準を提示する「スポット取引」の2つの言葉だけで解説する。

IoT時代は、通信、パワーエレクトロニクス等が発達し、ビッグデータの収集・解析が可能となり、膨大な情報を必要とする消費者レベルの情報収集や、その結果として可能となる需給調整にも踏み込める。何となくトレンドや気分で購入を決めていた家電、蓄電池、ソーラーパネル等は、需給情報に基づき、投資回収年数を認識した上で判断できるようになる（先渡し取引）。

投資した資産をいつどのように運用したらいいのかについても、明確に判断できる（スポット取引）。判断するまでもなく、価格・消費パターン・天候予想等の情報と演算ソフト（アルゴリズム）にてEMS（エネルギーマネジメントシステム）が自動的に運転を導いてくれる。EMSはいろいろな機器に内蔵されるが、これは文字通りエージェント（代理人）として機能する。

また、運送も市場取引により価格が表に出てくることから、自前で発電するか購入するか、購入するにしてもどこのどの設備からか、明確に分かるようになる。

このように、従来の発想を超える分散型システムは、「先渡し」「スポット」「物理的電気」「運輸」の4つのキーワードだけで構築することが可能になる。これを、本書では、アマゾンやチケット専門の仲介プラットフォームを例に、分かりやすく解説する。

ＴＥはスマートグリッドの終着駅

分散型時代のシステムについては、2000年代前半より、スマートグリッド、デマンドレスポンス、ネガワット取引、DERプラットフォーム等の言葉で語られてきた。いずれも卸取引所の前日・当日市場や送電会社の調整力調達市場の指標を参考に、ローカルの需給調整を行うというものである。本書が提案するTE（Transactive Energy）プラットフォームは、これを包含するものである。より包括的なところは、先渡しで投資判断を、輸送で設置・調達ポイントを明示したところにある。また、卸・送電網というより大きな広がりを包含する、あるいはそれとの接点を明示するシステムを提示している。

欧州でも、ドイツの巨人E-OnとRWEが小売り・配電・再エネの分散型事業を分離したが、これも同じ流れである。

著者とカリフォルニア州

本書は、スティーブン・バラガーとエドワード・カザレットが書いた新時代の電力システムの提案書を翻訳したものである。原書は2014年10月に発行されている。両者はカリフォルニア州スタンフォード大学の管理工学科でシステムエンジニアリングと経済学を学んだ。また、電力業界にサービスを提供するいくつかベンチャーの創設者でもある。ガザレット氏はCAISOの総裁の経験をも有する。

両者が、この本を世に出すことになった背景には、太陽光を主として分散型資源の普及が著しく、既存システムの綻びが目立ってきたカリフォルニア州の情勢がある。本書でも随所に同州の実例が登場する。その意味で、環境・エネルギー政策、電力システム、エネルギー産業構造等のカリフォルニア州の基礎知識は本書を理解する助けとなる。山家が編著者として取りまとめたエネルギーフォーラム新書「アメリカの電力革命」を参考文献として推薦したい。また、本書の「訳者後書き」にて簡潔に解説している。

本書との出会いと和訳体制

山家がこの本に出合ったのは2016年の暮れで、エネルギーフォーラムに翻訳の可能性を打診されたことに遡る。当時「アメリカの電力革命」を編著者として執筆中であったこともあり、和訳する価値があるかないかの判断を求められた。2017年GW中に見出しと図表だけでも眺めようと手に取ったところ、その面白さと分かりやすさで、一気に通読し、電力市場取引に馴染みの薄い日本にとって必読書であると直感した。

翻訳作業には京大再エネ講座に関わる京大の院生・学生の力を借りた。彼らは、京都大学大学院経済学研究科再生可能エネルギー経済学講座が主催する研究会メンバーであり、電力取引に馴染みがあった。また、市場取引や分散型システムを研究するいい機会と思った。博士後期課程の小川祐貴、山東晃大、陳奕均、杉本康太、博士前期課程の白石智宙そして経済学部4回生の廣田駿介が各章の和訳作業を分担した。翻訳経験の豊富な講座特任教授の安田陽は、用語集を作成し用語共通化や作業手順をリードした。講座特定助教の中山琢夫は、院生・学生の相談役となりチームの取りまとめ役となった。また、安田・中山は巻末用語集の和訳を担当した。

6月から8月にかけて順番に発表会を行い、全体の意思疎通を図った。8月上旬に図表の和訳が、9月中に本文の和訳が完了した。和訳のチェックは安田を経て山家が総括した。10月に最終原稿を出版社に提出し、編集の作業に入った。出版社の作業が立て込んでいたこともあり、1次校の提示は12月入り後であった。

デス・スパイラルは確実に日本にも及んできている。不幸にも日本は市場取引に慣れておらず、分散型システムへの移行には時間を要するだろう。本書は、市場取引のイロハも実に分かりやすく解説しており、ギャップを埋める最適の書と感じている。不透明感が漂うエネルギー市場において、日本語で読める本書が、今後の事業構想を立てる上で、あるいはエネルギー問題を理解する上で参考になれば、翻訳に携わったものとして望外の幸せである。

2018年1月　山家公雄

目次

第 4 章

序章

「分かれ道に来たらとにかく進め。」

ヨギ・ベラ [原註] [訳注1]

本書の内容は、今日の電力市場を新しいパラダイムに移行させるため、基本的なビジネスコンセプトを適用することである。先渡しおよびスポット取引の利用によって、投資および電力システムの運用の意思決定が行われていくことが、新しいパラダイムの核心である。

現在のパラダイムは、規制された総括原価と集中型資源を最適化することである。電力システムが集中的に計画されたシステムから分散型のエネルギー経済システムに進化するにつれて、この古いパラダイムは徐々に新しいモデルに移行していくことになる。

トランザクティブ・エナジー（取引可能な電力、TE：Transactive Energy）という新しいビジネスおよび規制モデルは、新しいシステムにうまく対応することができる。どのような規模や技術であっても意思決定の調和が可能になる。TEは集中型発電所の計画やスマート家電の運用でも等しく機能し、競争的な価格設定と総括原価の設定の両者をサポートする。

TE モデルによって、以下の 4 つの大きなアイデアが具体化される。

- エネルギー（電力量）と輸送サービスという 2 つの商品がある。
- 先渡し取引は、リスクを管理し、投資の意思決定を整理するために利用される。
- スポット取引は、電力システムの運用の意思決定を整理するために利用される。
- すべてのプレーヤーが自発的に行動する。

今日の電力市場の卸売り部門では、エネルギー（電力量）と輸送の先渡し取引が使用されている。これらの取引は、売り・買いの長期契約の形をとっている。同様に、電力システムの運用者（系統運用者）は、スポット取引の利用を通じて、予測と実際の売電・買電の差異を調整する。TE モデルにより、先渡し取引とスポット取引は、卸売り市場の範疇を超え、産業界・小売り業者・事業者・住宅所有者など市場の隅々まで浸透していく。

ハイテクノロジー、ムーアの法則そしてインターネットが、緩慢で高度に規制された電力業界に押し寄せてきている。太陽光パネルやエネルギー貯蔵のコストは急速に低下している。我々は今、集中型発電所の給電から iPhone や家電製品に至るまで、どこでもあらゆるもの同士で通信することができる。高速な演算やデータ保存は安価になり、そして今後も日増しに安くなっていく。

今や我々は、自動車や住宅、家電製品に組み込まれたマイクロコンピューター（マイコン）に意思決定を委ねることができる。サーモスタットをいつ調整するか、どちらの電気料金表が我が家にとって最もお得なのかを考える必要はなくなる。この新しい世界では、マイコンの「エージェント」が代行してくれる。我々にとって幸運なことに、そのような技術はすでに我々の手の届くところまで来ており、それは石油依存度を軽減し二酸化炭素排出量を削減するのに役立つようになる。

電力システムは、新技術に対応して進化しつつある。我々は以下のようなものを含め、いくつかの新たな課題と機会を目前にしている。

- 風力や太陽光など出力の変動を伴う大量のエネルギー供給。
- 屋上太陽光パネル、熱電併給（コージェネレーション）、自家発電などの分散エネルギー資源。
- エネルギー貯蔵の必要性と新しい貯蔵方式の実現可能性。
- マイクログリッド。市場全体が自主的に分割され、独自の統合したエネルギーシステムを計画するようになる。
- 電気自動車の増加。

今日の時代遅れの指令・制御システムは、時代についていくのに精一杯で、イノベーションを阻害し、必要な効率改善を遅らせている。

本書では、TE ビジネスモデルと規制モデルについて解説する。さらに、いかにしてこれを今後の対応に利用できるかについて説明する。この TE モデルは「銀の弾丸」、すなわち特効薬であると筆者らは確信している。TE モデルにより、投資や効率性に対するインセンティブが提供され、生産者と需要家の両者のコスト削減が可能となる。また、TE モデルには公平性や透明性がある。TE のコンセプトは需要家に親和性があり、政策的魅力がある。TE によって、世界中の技術イノベーションや組織的革新に拍車がかかるようになる。

筆者らが本書を執筆した目的は、TE という効率性、公平性、透明性のある電力システムの扇の要を、一日も早くグローバルなビジネスの一般的手法にすることである。

本書は、以下のような電力市場における幅広いステークホルダーのために書かれたものである。

- 需要家
- 電力会社の経営者層
- 法律制定者
- 環境保護に関心のある人々
- 規制者
- 経済学者

- エネルギービジネスの専門家
- 投資家や販売業者
- 電力システムや電気工学に関わるエンジニア
- 学生
- エネルギー研究者

筆者のスティーブン・バラガーとエドワード・カザレットは、電力システムの計画における新しい手法を設計したパイオニアであり、スタンフォード大学の管理工学科でシステムエンジニアリングと経済学を学び、電力業界にサービスを提供するためにいくつかの革新的な会社を設立してきた。筆者らの略歴については、第７章「著者紹介」を参照のこと。

筆者らは、世界中のTEビジネスモデルおよび規制モデルへの移行をリードしている人々に対して、本書が論点を提供できると確信している。読者は、トランザクティブ・エナジー協会（http://www.tea-web.org）でTEの議論をフォローし、参加することができる。同サイトでは、TEに関してさまざまな視点からの議論や、本書の範囲や目的を超えた実践や技術的な詳細についての質疑応答を見出すことができる。

我々は歴史上の重要な転換点に立っている。肥大したエネルギー利用、特に化石燃料利用時代の終焉を迎えつつある。できるだけ早く峠を越え、現在我々がいるフィールドよりも公平な新しいフィールドに移るチャンスが、我々の手にある。

原註：「分かれ道に来たらとにかく進め」。ヨギ・ベラ著：『野球における偉大な英雄たちの一人のインスピレーションと知恵』，ハイペリオン社，2002年，p.1（未邦訳）より
訳注１：ローレンス・ピーター・"ヨギ"・ベラ（1925～2015年）：MLBのプロ野球選手（捕手）および監督。背番号８は永久欠番。1972年に野球殿堂入り。主に1950～60年代にニューヨーク・ヤンキースおよびニューヨーク・メッツで活躍し、80年代まで両球団で監督を務めた。

第1章

イントロダクション

今日の米国の電力市場で起こっていることを概観することから本章を始める。他国の電力市場も同様の傾向が見られており、現在大きな変化に直面している。この変化は、計画立案者や規制機関に対して新たな課題を突きつけている。

背景について議論した後、トランザクティブ・エナジー（取引可能な電力、TE: Transactive Energy）のビジネスモデルを紹介する。TEモデルは、情報通信技術（ICT）の急速な改善とともにある。インターネットと分散型コンピューターは、小さな家電から大きな発電所まで、電力市場全体においてTEビジネスモデルを実現可能にする。TEとICTを組み合わせることで、イノベーションが促進され、効率性が向上する。これは、現在のビジネスモデルよりも公平かつ透明性のある方法で行うことができる。

背景

2000年の電力システムは比較的シンプルであった。住宅、商業、産業からなる3種類の需要家から構成され、住宅や商業の需要家は、電柱や架空配電線といった配電システムに接続されていた。配電システムには、集中型の発電所から発生する電力が高圧の送電網から給電される。揚水発電

図1-1. 2000年当時の電力システム

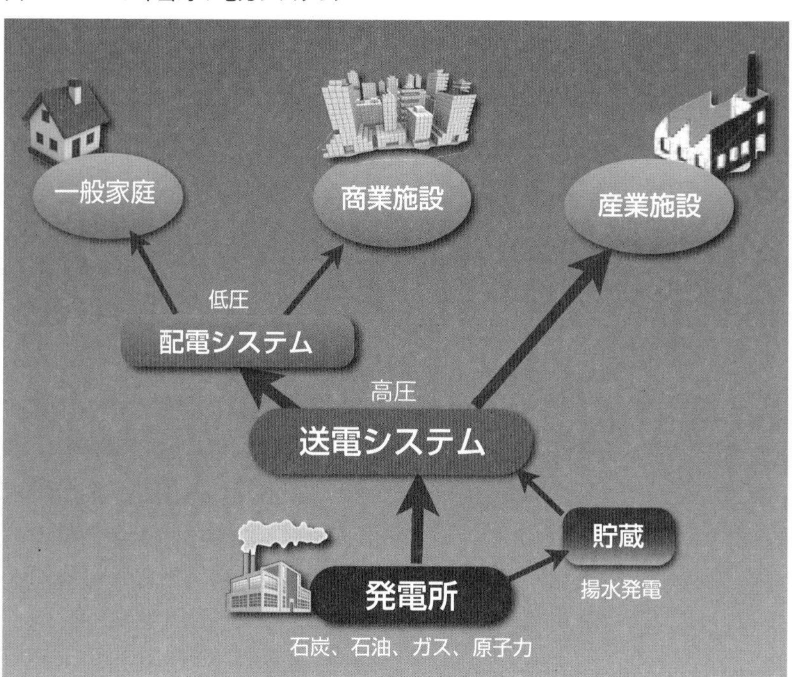

を持つ電力システムもあった（図1-1参照）。

過去20年間に大きな変化が起こっている。発電所から排出される温室効果ガスに対する社会的な懸念によって、政府は行動を起こしてきた。社会は、空気と水に対する影響を減らすことを求めている。これらの動きによって、カリフォルニアの多くの火力発電所は早期廃炉を余儀なくされた。関心の高い市民は、太陽光、風力、コージェネレーション（熱電併給）といった再生可能で持続可能な電力技術の利用を増やすことを望んでいる。起業家は、これら新技術の市場投入を求めている。

特に北米では、環境に対する関心と同時に、フラッキング技術を使用した天然ガスの発電コストが低下している。新しい低コストのガス供給は、分散型のガス火力発電施設の普及をもたらした。

図 1-2. 2020 年に予測される電力システム

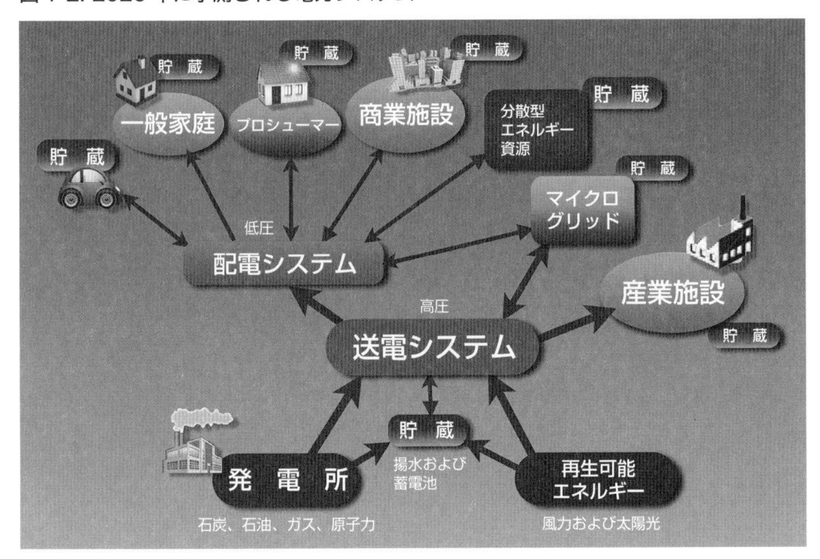

2020 年の電力システムは、現在の電力システムとは大きく異なる（図 1-2 参照）。電力市場で起きた変化は以下のとおりである。

1）再生可能な発電技術の普及の拡大：

主に風力と太陽光発電。

2）エネルギー貯蔵の必要性の増大：

太陽と風は変動する。太陽が照っているときや風が吹いているときにのみ利用できる。そのため、風力や太陽光が利用可能な時に需要が見合わない場合は、無駄にならないようにエネルギーを蓄える必要が生じる。この低コストのエネルギーを取り込む必要性によって、蓄電池、蓄熱、圧縮空気貯蔵といった新しい技術の開発と市場投入が促進されている。

3）分散型エネルギー資源（DER）と「プロシューマー」の拡大

効率化を推進することにより、多くの大規模電力需要家は、発電を自らのビジネスプロセスに統合するようになっている。多くの場合、これらの企業は、電力システムに販売するに足る電力量を持っている。また、大規模な需要家がエネルギーを自給できている場合でも、供給信頼度維持のために電力システムに頼り、系統に接続し続けている。また、多くの住宅や商業需要家は、太陽電池パネルを設置している。このような需要家は、余分な電力量を電力システムに戻すことによって、投資の一部を回収することができる。彼らは「プロシューマー」、すなわち生産者（プロデューサー）であると同時に需要家（コンシューマー）である。

4）マイクログリッドの登場：

電力網の各構成要素が丸ごと電力システムから離脱し始めている。大学や軍事施設などの組織は、「我々は統合された独立した電力経済システムを計画することで、コストを削減し、信頼度を向上させることができる」と言及している。たとえば、カリフォルニア大学サンディエゴ校のキャンパスでは、独立した電力システムとして計画的に運用している。これらの独立した「電力システム」は、さまざまな情報源とエネルギー利用とを統合し最適化をすることで、効率性を獲得する。彼らは投資を計画し、電力システムから独立して自身のシステムを運用することができる。

5）電気自動車の販売量の増加：

電気自動車は、潜在的に大きな新しい電気需要を生む。車両に搭載された蓄電池は、エネルギー貯蔵に利用することができる。いつどこで蓄電するかは、かなり柔軟に決めることができる。適切な時間に充電して、運転のニーズを妨げることなく、電力システムに電力を戻すことができる。自動車によるエネルギー貯蔵は、電力システム全体に分散されているため、配電システムの節約になり、信頼度に対して便益をもたらす。

電力市場が複雑になるにつれ、規制機関、計画立案者や運営者が困惑し始めている。大規模な民間電力会社は、政策的義務と需要家に対する義務を満たすために苦心している。自治体所有などの公益事業者も、規制モデルは異なるが、同様に多くの困難に直面している。

プロシューマー（主に太陽光パネルの所有者）を電力システムに統合しようとする難しい試みは、我々が直面している課題の一つである。カリフォルニア州では、太陽光パネルの所有者が電力システムに売却する電力価格の設定について、難しい合意プロセスをまさに終えたところである。

この太陽光パネルからの電力量に対して、住宅所有者にはいくら支払われるべきだろうか？　この問いに対して一方の側は、太陽光パネルはピーク需要の時に発電し高コストな送電線や配電線を経由して送電する必要がないため、もっと多く支払われるべきだと主張している。他方、送電と配電に投資する資金は別の誰かによって支払われているため、もしプロシューマーが配電に対して支払わない場合、そのコストは不当にプロシューマーではない人たちに負担をかけている、と主張する。

カリフォルニア州では、解決策を見出してから２ヵ月後、新たな問題が浮上した。太陽光パネルの所有者は、太陽光パネルをバックアップするために蓄電池の設置を開始した。彼らは蓄電池に蓄えられた電力をネットメータリングの料金で電力会社に売却し始めた。電力会社は違法だと主張してこれを阻止したいと考えている。住宅所有者は、単純にオフピーク時に電力システムから電力を充電し、ピーク時にはそれを戻すことができることになってしまう。この皮肉は、蓄電池が太陽光パネルと同様の価値をもつ可能性があることから発生するが、本当にそうであるかは誰にもわからない。人々が電気自動車の蓄電池を使って太陽光発電システムをバックアップし始めたらどうなるだろうか？

これらの問題を時代遅れの給電指令システムが解決することは、非常に困難である。変化に対処するペースが遅いと、イノベーションが妨げられる。現在の電力会社や規制モデルは、時代遅れであり、分散型エネルギー資源、プロシューマー、エネルギー貯蔵やマイクログリッドに対処するための能力は十分備わっていない。TE は、この課題を新しいモデルで解決する。

TE ビジネスモデル

我々は、電力システム全体の中でどのように投資と運用に対して意思決定を下すかという観点から、TE ビジネスモデルについて説明する。投資と運用の意思決定は、生産者と需要家の両者によって行われる。生産者はエネルギー（電力量）の生産と輸送に投資する。需要家は、エネルギーの生産と貯蔵を行う多くの機器に投資する。投資は常にリスクを伴う。ビジネスモデルの試験により、どのように投資の意思決定がなされ、投資家がリスクを管理できるかを見ることができる。

生産者は、長期契約や融資保証などの金融手段を通じて、投資リスクを軽減する。エネルギープロジェクトの投資家は、長期契約に署名したり、プロジェクトの一部を他の投資家やベンチャーキャピタリスト、あるいはその両方に売却したりすることによって、リスクを制限することができる。

今日では多くの場合、大きな投資に対する意思決定は、州や連邦規制機関の厳しい監督の下で行動する民間電力会社によって行われている。民間電力会社は、規制機関により法的に認められた地域独占的な垂直統合形態をとっており、株主に公平な報酬を保証するのに十分な電力料金を、顧客に対して請求することができる。民間電力会社の株主は、リスクを制限する手段としてこの方法を使う。民間電力会社は低金利で資金を借りることができ、その便益の一部を需要家に配分する。

我々は、各発電所の発電電力量に関して毎年、毎月、毎時の電力需要を正確に把握しないまま、発電容量を用意する必要がある。さらに、将来の価格はどのようになるかわからない。たとえば、風力発電所に投資することを考えているとする。「気候変動によって風のパターンが変わるだろうか？」「いくらで電力量を売ることができるか？」「新しい技術によって、我々の風力発電所は競争力を失うことはないだろうか？」「発電所への送電線は認可されるだろうか？」などといった疑問が起こる可能性がある。投資のリスクは、意思決定がなされた時点で不確実性のあるこれらの問題

図 1-3. 年間電力需要の時間単位の推移

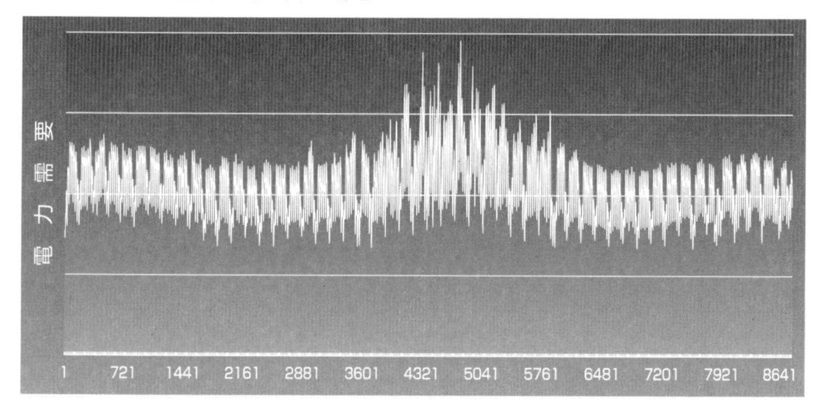

出所：Steve Bubb,Energy Pursuits, LLC

すべてに依存している。

発電所が建設された後、それをどのように運用していくかを意志決定しなければならない。電力需要には変動性があり、その一部は予測不可能なため、設備運用の意思決定は難題である。図 1-3 は、夏期に需要が最も高くなる電力会社の年間電力需要の変動を示している。全体の変動幅は、季節とともに上下に動くが、特に空調需要が最も高い 7 月が最も高い。みんなはいつ、夏季休暇を取りたいだろうか？　急峻な変動のほとんどは、特に夏期に発生し、日々の天気の移り変わりによって引き起こされている。

カリフォルニア州では、独立系統運用機関（ISO）が、主に 5 分ないし 1 時間のローカルスポット価格を計算し、どの発電所をいつ稼働させるか決定する。大規模な発電事業者は、これらの決定は ISO によって実行される中央給電プロセスにより運用を決めることになる。

石炭、石油、ガスなどの火力発電所を稼働させる必要性は、どれくらいの太陽光と風力が利用できるかによって決まる。風力と太陽光は、限界運用費用が極めて低いため、利用可能なときはいつでも利用する方が望ましい。 カリフォルニア ISO（CAISO）には、今日の電力需要と再生可能エネルギーの出力との分単位の変化を確認できるウェブサイトがある（図

図 1-4.　2014 年 4 月 10 日における再エネの発電推移
(CAISO ウェブサイトのスクリーンショット)

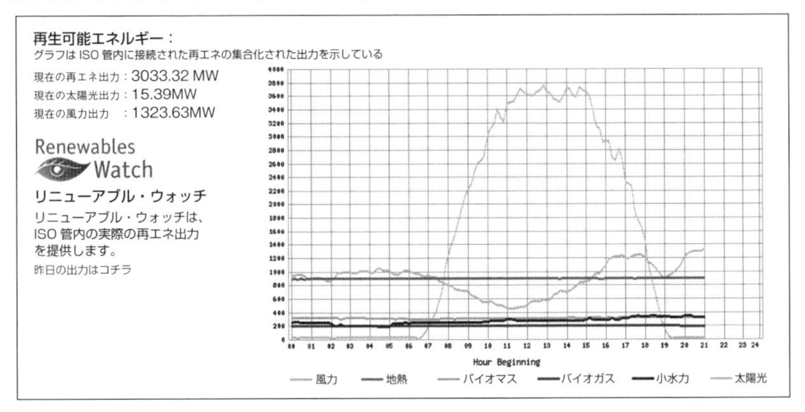

1-4 を参照)。この情報は、スマートフォンの「アプリ」(アプリケーション)で利用可能である。

一般に、ISO は大規模な発電事業者のみを制御する。需要家は自分で運用判断を下し、いつ暖房や空調を作動させるかを決める。需要家は、機器を制御したり、少なくとも調整する試みがなされている。例えば、空調需要が高く、電力システムに負荷がかかる非常に暑い日には、消費電力量を減らすよう需要家に求められる。

現在のビジネスモデルにおける投資と運用の意思決定の関係を図 1-5 に示す。このモデルでは、発電出力が予測可能であり(風力・太陽光にはない)、需要家が時間単位の電気料金についての情報を持っていなかった時代に発展したものである。

規制機関は、新しい電力経済システムでこのモデルを機能させるのに苦戦している。ISO と電力会社は、ISO の給電指令によって機器を制御できるよう需要家に求めている。これは直接負荷制御（DLC：Direct Load Control）と呼ばれる。また、時間別料金制度（TOU：Time of Use）の価格設定を試みている。これは、系統運用コストを下げる、あるいは信頼度が向上するために、需要家の行動を変えるよう促すものである。

図 1-5. 2000 年時点の投資と運用の意思決定

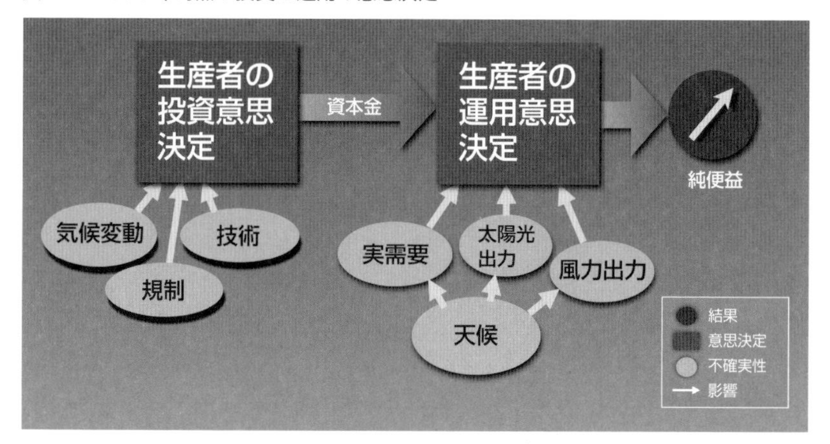

TE モデルは、それらとは異なっている。TE モデルでは、電力経済システム（エコシステム）を通じて投資と運用の意志決定の協調を図るために、生産者と需要家の間で先渡しやスポット価格の入札を利用する（図 1-6 参照）。入札は、エネルギー関連商品を売買するための価格提示であり、TE プラットホームに報告される。一方のプレーヤーが他方のプレーヤーの入札を受け入れると、エネルギーの生産者と利用者との間で取引が記録される。

投資は生産者、需要家またはプロシューマーにより、最も収益性の高い入札価格にて行われる。長期的および短期的な電力利用は、高価格な時間帯から低価格な時間帯にシフトする。環境規制に従うことを条件として、投資や運用の意思決定は自律的に行われる。

需要家は絶えずエネルギー投資と運用の意思決定を行い、どの高効率機器を購入するか、そしてどう運用するかを決定する。これらの機器を購入すると、スポット入札価格に基づいて機器を作動する。TE モデルでは、需要家や生産者は、他者の投資と協調しリスクを管理するために、他者との間で先渡し取引を利用することができる。この概念は図 1-6 に示されている。

図 1-6.　先渡し取引とスポット取引の役割
（ TE のビジネスモデルでは先渡し入札と先渡し取引を利用して投資意志決定の調整やリスク管理を行う。スポット入札やスポット取引は運用上の意志決定に利用される）

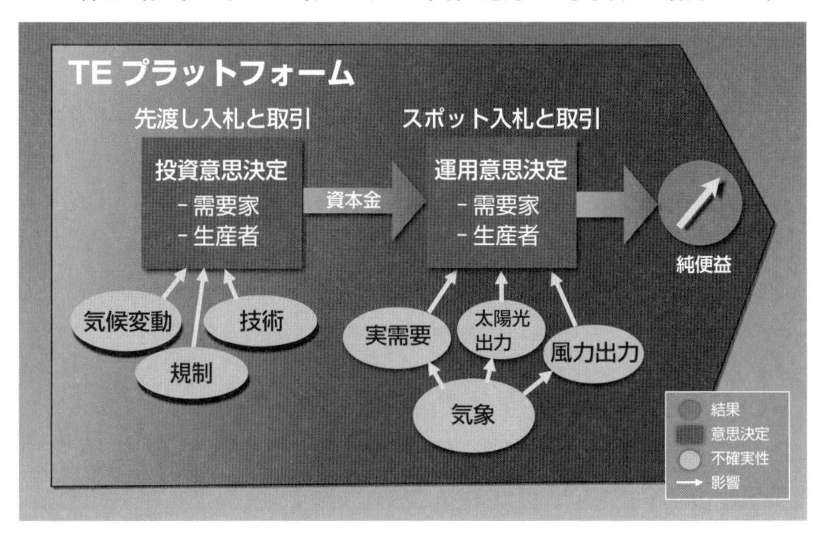

TE 規制モデル

TE 規制モデルは、筆者らが述べつつある TE ビジネスモデルの構造と運用に沿っている。TE ビジネスモデルでは、市場運用において規制機関による介入が少ないことが求められる。 TE モデルによって、取引の競争と規格化が推奨され、これにより効率とイノベーションが促進される。

電力輸送のような TE ビジネスモデルのいくつかの部分は、当然ながら、法的に認定された許認可者によって提供される場合がある。この場合、輸送サービスは、規制機関によって料金やコスト回収が監督され、コストベースで価格設定されて取引されたり、あるいは政府所有の公益企業によって提供される。

多くの場合、カリフォルニアの電力会社のように、規制プロセスは非常に複雑で煩わしく、コストがかかる。3 つの主要電力会社にはそれぞれ約 70 の料金プランがある。また、そこには電源アデカシー、設備容量、柔軟性の容量、デマンドレスポンス、再生可能エネルギー利用割合基準（RPS）、電気自動車サービス、コミュニティー負荷集約制度［訳注2］、DERの相互接続、スマートメーター、エネルギー効率などに対処するためのプログラムと手順がある。さらに、連邦エネルギー規制委員会（FERC）によって監督されているCAISOの手続きもある。民間電力会社は、系統計画、系統アクセスや価格設定、卸スポット市場の運営などに係るヒアリングを求められる。

筆者らが述べつつあるように、TEビジネスモデルによって電力商取引は簡素化され、より可視化される。TEビジネスモデルは、卸売り業者と小売り業者の間のより規格化された相互作用に信頼をおいており、これによって規制業務が簡便になる。さらにこのことにより、規制機関は規格や契約の遵守にも焦点を当てられるようになる。TEモデルは、公平でオープンな取引プラットフォームをサポートする。公平な市場ルールによって、すべての買い手と売り手、大規模事業者や小規模事業者、卸売り業や小売り業がまとめられ、規格化された取引プロセスを利用して商取引が行われる。

TEプラットフォームにより、需要家や生産者の先渡し取引やスポット取引に関連するすべての情報が記録され、規則上の透明性が提供される。透明性の向上により、規制機関は、市場がうまく機能している時期や、いつどこで介入についての情報を得ることができるようになる。

北米電力信頼度協議会（NERC）による信頼度を監視する機能は、引き続き必要になる。NERCは、大規模電力システムの信頼度の基準を策定して施行している。さらに、他の「電力システム保護者」の役割も必要となると考えられる。これらはすべてTEビジネスモデル内で提供可能である。

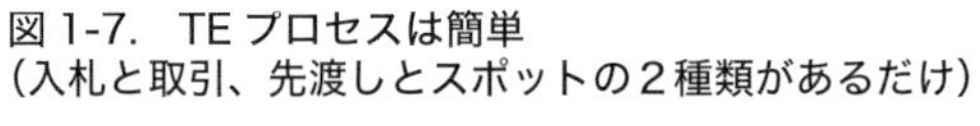

図 1-7.　TE プロセスは簡単
（入札と取引、先渡しとスポットの２種類があるだけ）

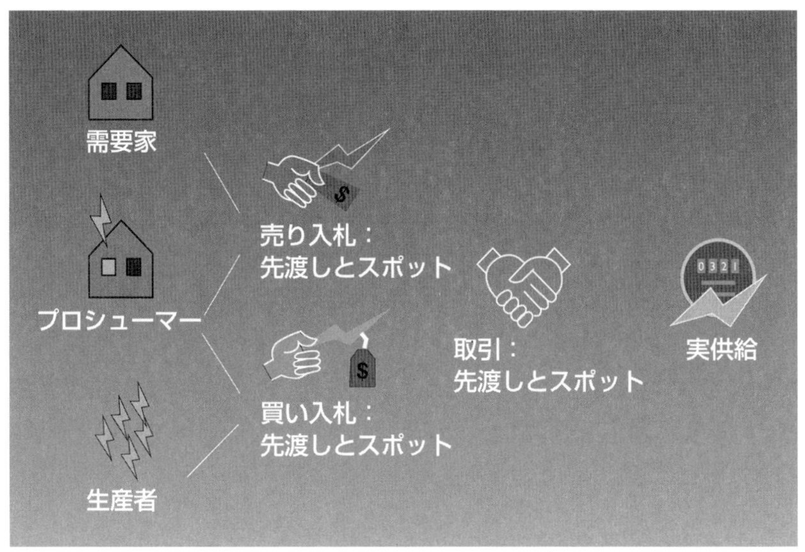

TE はどのように動作するか？

TE モデルでは、投資の意志決定は、先渡し入札と取引による経済的均衡に導かれる。運用の意思決定は、スポット市場の入札と取引によって導かれることにより行われる。

TE プロセスはいくつかの方法で運用することができるが、主にプレーヤー向けの自動化されたエージェントにより実行される。基本的なプロセスはシンプルである。生産者は、売り入札を提示することで売りたい電力量を有していることを需要家に伝達する（図 1-7 参照）。需要家は、売り入札を一部受け入れるか、より良い入札を待つか、あるいは利用する電力量を減らすかを決定する。

たとえば、売り入札は、以下のような場合が考えられる。「カリフォルニア州モデスト市の私の工場で、2016 年１月の月曜日午前９時から午前

図 1-8. エネルギーと輸送サービスという 2 つの商品

10 時の間に、10 MW の電力を売ることを提示します。私の売却価格は 75 ドル /MWh です」。これは、1 時間で 10 MW の電力あるいは 10 MWh の電力量が利用可能であることを意味する。

もしある需要家が 10 MW の入札のうち 2 MW を購入することに同意すると、買い手と売り手の間に取引が記録される。売り手は後の指定された時間に 2 MW の電力を受け渡し、買い手は売り手に 75 ドル /MWh の取引金額、すなわち 2 MWh で 150 ドルを支払う。

太陽光パネルを備えた住宅所有者などのプロシューマーも、生産者から売りと買いの入札を受け入れることができる。需要家とプロシューマーとの間でも、同様に売りと買いの入札を行う。

生産者、需要家やプロシューマーは、TE プラットフォーム上にて双方向または自律的に取引できる。取引が記録され、エネルギー（電力量）が受け渡される。需給調整者は、次のような事態に備えて待機している。即ち、生産者が予定した生産に失敗した場合に、その分を代わりに受け渡したり、需要家が予定した量を使用しなかった場合に、その分の受け渡しを吸収したりする。

TE モデルには、エネルギーと輸送サービスの 2 つの商品がある。需要家は電力需要に応じて取引し、それとは別に輸送のための取引も行う（図

図 1-9. 取引プラットフォームを通じた取引
（全てのプレーヤーが取引プラットフォーム提供者を通じてつながる）

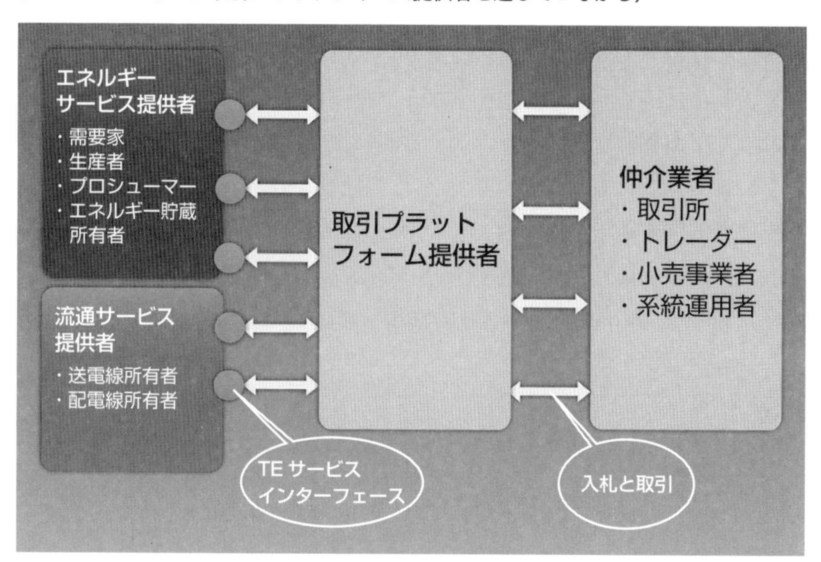

1-8 を参照）。

電力システムには、ある地点から別の地点にどれくらいのエネルギー（電力量）を輸送できるかに関して、複雑な制約がある。エネルギーを輸送する際に損失があるからだ。エネルギーは、一般家庭、変電所、発電機などの特定の地点で取引される。

電力輸送は、プレーヤーがこれらの地点の１つから別の地点へのエネルギーの受け渡しを手配して支払うことを可能にする。米国の卸売業者は今日、エネルギーと輸送のために同様の取引に参加している。

エネルギーサービスや輸送サービスのプレーヤーは、TE プラットフォームで一同に会し、そこではさまざまな仲介業者によって進められる可能性のある取引を決断する（図 1-9 参照）。取引は記録され、すべてのプレーヤーの機器やシステムは自動的に運用される。運用者は、電力潮流を監視し、電力システムのさまざまな物理的制約や信頼度上の制約の中で、需給調整を促すためにスポット取引を活用する。

TE 手法にはひとつの大きな利点がある。この手法によって、需要家と生産者の投資と運用を協調する枠組みが提供される。どのような技術でも、大規模集中型にしても分散型にしても、投資の意志決定は集中型の計画者ではなく、商業市場の公平な土俵で行われる。その結果、効率的かつ低コストの電力システムが実現する。

生産者と需要家による先渡しとスポット取引は、同じプラットフォーム上で行われる。需要家は、エネルギーと必要な輸送手段を購入することにより、生産者と直接取引することができる。生産者は、輸送手段にアクセスできる需要家に直接販売することができる。

今日のような卸売り市場と小売り市場とが分かれているのではなく、1つの市場であることが望ましい。各生産者、仲介業者、送電・配電運用者に対しては、一つの電力料金と一つの電力輸送料金である必要がある。

需要家と生産者の両者が先渡し取引を利用してリスクを管理する

今日の民間電力会社は、カリフォルニア州議会から認可を与えられ、特定の投資や契約のリスクを需要家に転嫁できる権利を享受している。規制機関が投資や契約を慎重に承認した場合、民間電力会社の投資家は、需要家への料金を通じて投資を回収できる。この契約上の取り決めにより、民間電力会社の投資リスクは低減され、資金調達コストが削減される。この理論は、より低い資金調達コストがより低い価格という形で需要家に移転することを意味する。しかしこのモデルでは、価格の高い時間帯から低い時間帯へのシフトや、売れる時に電力会社へ販売することなど、需要家のリスクを軽減するための支援手段がほとんどない。すべてのリスクが需要家に転嫁される。

TE モデルでは、需要家と生産者の両者は、投資リスクを管理するために、先渡し取引または定量契約にアクセスできる。例えば、住宅所有者が太陽光パネルの設置を検討している場合、パネルが提供する余剰エネルギー（電力量）のために先渡し取引を利用することができる。彼らは、パネルの実際の出力と先渡し取引を結び付けて、利益を見積もり、将来の価格を固定させることができる。エネルギー投資が複雑だとしても、先渡し取引を利用することでリスクを管理することが可能となる。

すべてのプレーヤーは自律的に行動する

個々の需要家と生産者は、自身のニーズをよく理解し、市場状況を最もよく理解している。人々は、天候の変化などの出来事に迅速に対応して意思決定をするのが好きである。企業も、需要家や供給者に対応して行動することを望んでいる。

TE によって、最終消費者はいつ、どこで、どこに、どのくらいのエネルギーを利用するかについて、完全に制御することができるようになる。需要家は、エアコンや衣類乾燥機などのエネルギー機器を、家庭やビジネスのニーズに合わせてプログラムし、それに応じて費用対便益のトレードオフを行うことが可能となる。

多くの民間電力会社は、需要家に消費削減を受け入れてもらうためのインセンティブを提供することにより、需要を管理しようとしている。これは、ピーク時の需要を減らす方法のひとつであるが、需要を下げるための最も有益な方法にはならない可能性がある。もし負荷遮断が発生した場合、例えば、生産ラインを停止しなければならなかったり、家庭の快適レベルが変わったりするなど、需要家側の計器で何かを変更しなければならなくなる。ISO の供給サービスに支障があった場合、被害コストは需要家のみが知るところであり、ISO は把握することができない。

TE モデルでは、需要家や生産者は、外部からの介入なしで高コストな時間帯から低コストな時間帯に需要をシフトできる。需要家や生産者は、将来の計画のために必要な経済シグナルを持っており、自身に利益があるように行動することができる。

TEシステムのアーキテクチャー

TE システムには、エネルギーサービス、輸送サービス、仲介業者の3つの主要なグループまたはプレーヤーが存在する。エネルギーサービス事業者は、需要家、生産者、プロシューマーまたはエネルギー貯蔵装置の所有者で構成することができる。輸送サービスは、送電・配電の所有者である。仲介業者には、電力取引所、マーケットメーカー（値付け業者）、小売り業者や系統運用者が含まれる（図1-9参照）。

3つのグループまたはプレーヤーは、取引プラットフォーム供給者を介して、お互いや系統運用者と相互に作用する。各プレーヤーは、TE プラットフォームを通じて入札を行ったり受けたりし、エネルギーと輸送サービスを売買する。受け入れられた入札は、TE プラットフォーム上の取引として記録される。系統運用者は、TE プラットフォームや計測器やセンサー、解析モデルから入手できる取引情報を使用して作業を行う。

図1-9に示すように、図中の矢印はプレーヤー間の入札と取引の双方向通信を表している。入札と取引は、いくつかの金融市場で使用されているものと同様、簡単な TE プロトコルを利用して通信される。

プレーヤーが発電機や家電などの機器を制御している場合や、ビルや送配電網などのシステムを制御している場合は、TE サービスインタフェースが必要である。 TE インターフェースとは、プレーヤーが所有する機器やシステムの制御が値付けされた入札に応じて行われ、プレーヤーが合意した取引を満たすものである。これらのインターフェース上での実際のエネルギーと輸送の流れは計測器によって記録される。

TE モデルへは、段階的に移行することが可能である。ほとんどのシステムはモジュール式であり、拡張性がある。いくつかの仲介機能は今日すでに存在し、特に卸売り電力市場がそれに当たる。TE モデルを機能させる技術は現在でも利用可能である。

すべてのモノのインターネット

20 年前であれば、TE モデルは実用的とは言えず、実行が困難で高価すぎたかもしれないが、世の中は変化している。ICT の進歩により、演算と接続のコストが削減された。今日、単一の需要家が ISO と同じ ICT 能力を持つことが可能になった。需要家は、生産者や ISO のように洗練された意思決定プロセスにアクセスすることができる。

需要家は、最高の価格がどの程度であるか、いつ買うか売るか、いつ電力を使うかを把握しようと多くの時間を費やす必要はない。スマートデバイスによって可能になる。スマートデバイスの賢いアルゴリズムが、取引の代理人（エージェント）として機能する。

ネストラボ社が提供する新しいスマートサーモスタットは、まさに将来何がやって来るかを垣間見せてくれる。サーモスタットは住宅所有者と居住者の位置を感知し、そのロジックはエネルギー利用の好みを「研究」する。サーモスタットは、電力価格や気象予測にもアクセスできる。この情報を利用して、快適性とコストをバランスする方法で、暖房と冷房を制御する方法を機器が「学習」する。サーモスタットは世界のどこからでもユーザーの iPhone を通じて制御できる。詳細については、最新の『MIT テクノロジーレビュー』誌の技術と開発者の記事を参照のこと。

自動車メーカーも、スマートなエネルギーマネジメントのロジックを電気自動車に投入しつつある。電気自動車は、所有者のエネルギー料金を最小限に抑える方法で蓄電池の充電と放電をするように車両に指示する。車両のエネルギーマネジメントシステム（EMS）は、自宅やオフィスの駐車場で充電する必要があるかどうかを判断する。貯蓄されたエネルギーの一部を電力システムで収益性の高い方法で売却できるかどうかを判断する。

TE モデルは、効率を高めてコストを削減するために新技術を最大限に活用するだけでなく、ICT の導入によってインターネットと低コストな演算能力が多くのビジネスや住宅分野で革新が促進されたのと同じように、電力システムにイノベーションが促される。

電力システムの変化に対する TE の応答

風力発電および太陽光発電

風力・太陽光発電は、高い投資コストと非常に低い運用コストを特徴とする。出力には変動性がある。太陽が照っているときや風が吹いているときにのみ電力を利用できる。

TE モデルでは、風力・太陽光発電の投資家は、発電所が建設される前に実際の出力を先渡し取引を通じて売却する。買い手は、日毎および季節毎のエネルギー供給のパターンや予測されるエネルギー需要を考慮に入れる。買い手は、スポット取引を使用して、予測不能な電力不足や、過剰な電力取引を調整できることを知っている。ときおり、安価で再生可能なエネルギーを利用するために、買い手が太陽や風のパターンと一致するように電力消費のパターンを調整することがある。需要は低コストの風や太陽エネルギーに向かってシフトする。

エネルギー貯蔵

TE モデルにおいては、エネルギー貯蔵に対する投資家は、風力・太陽光発電の変動性をよいチャンスだと認識している。彼らは、太陽光・風力や最終消費の変動を管理するために、エネルギー貯蔵の容量と地点を設定する。彼らは、エネルギー貯蔵の運用を最適化するために、先渡し取引とスポット取引を利用する。

TE ではエネルギーと輸送が別々に扱われるため、適切な地点にエネル

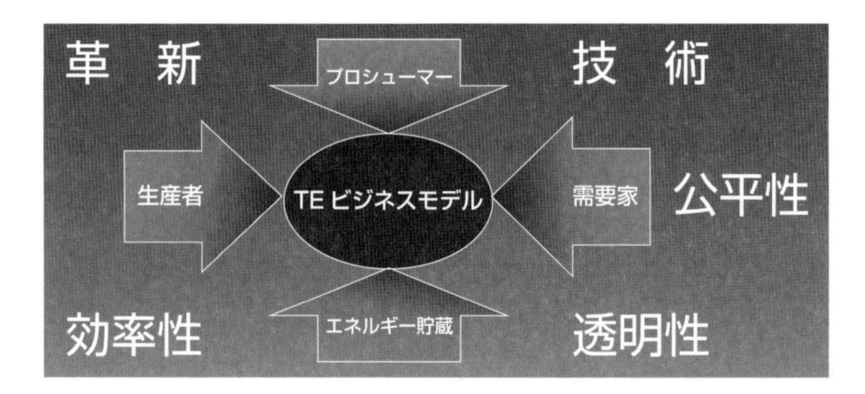

ギー貯蔵を設置することが奨励されるようになる。このエネルギー貯蔵には、メガワット規模の大規模な蓄電池や、太陽光パネルの所有者によって設置された蓄電池が考えられる。

分散型エネルギー資源（DER）

DER は、TE システムにおいて、他のすべての買い手や売り手とともに公平な土俵で運用される。DER の所有者は、買い手や売り手に近接した地点から得られる便益を認識している。多くの場合、輸送サービスの節約になるため、優位性が発生するようになる。同じことが太陽光パネルを持つ住宅所有者にも当てはまり、地点に関する優位性を認識するようになる。電力システムから電力を購入する際には、配電コストと送電コストのシェア相当分を支払うことになる。

マイクログリッド

大学や都市などの組織は、独立した計画と運用から得る便益がわかるため、マイクログリッド化することを選択する。その便益は、効率的、経済的、政治的、教育的なものである。

TE ビジネスモデルは拡張性がある。マイクログリッドは、投資と運用を計画するために、その内部に TE モデルを利用することができる。 TE

のコンセプトによって、マイクログリッドは、経済性または信頼度の理由から、自発的に電力システムに関与することも可能となる。特に大規模な災害の際には、電力システムも、信頼度を改善するために、マイクログリッドを利用することがありうる。

電気自動車

電気自動車は、TE モデルの便益を受けるようになる。電気自動車におけるエネルギー貯蔵の便益は、他のエネルギー貯蔵と共に電力システムに統合されるようになる。自動車の所有者は、最も便利で経済的な地点で蓄電池を充電することにより、エネルギーコストを最小限に抑えることが可能となる。近隣で充電される場合、配電の影響が軽減されるように管理される。

TE への進化は避けられない

TE の便益は明らかであり、その実行は極めて実現可能である。

TE はイノベーションに拍車をかける

買い手と売り手は、いつでもどこでも可能なコミュニケーションとリアルタイムのコスト情報を入手できるようになれば、需要家や供給者のためのあらゆる新しい価値（古いものでも新しいものでも）を得ることができるようになる。ネスト社の学習型サーモスタットは、その可能性の一例に過ぎない。

TE は効率性と環境に関する目標の達成を容易にする

カリフォルニア州は、化石燃料が支配的であった電力システムから再生可能エネルギーをますます重視する電力システムに、意欲的に再構築してきた。TE により、再生可能エネルギーは電力システムに容易に連系され、効率的に運用されるようになる。

また、TE により、住宅、商業、産業などの需要家は、最良の省エネ投資を判断できるようになる。TE システムにより、より賢い投資と運用の意思決定を行うことができるようになる。

電気自動車の所有者が休暇を取っていることを想像してみよう。彼が不在の間に、彼の車の蓄電池の能力は、電力システムにとって不可欠な一部として運用され、需要に合わせてバックアップ電力を提供することになる。車はガレージにいながら所有者のためにお金を稼ぎ、同時に電力システム上の無駄を減らすようになる。地域の配電網に対する投資の必要性を減らせる可能性もある。社会全体のエネルギーコストを削減することになり、すべての人にとってウィン＝ウィンとなる。

TE は公正である

カリフォルニア州における家庭用電力料金設計の指針は、以下の２つのとおりである。

- 料金は限界費用に基づくことが望ましい。
- 料金はコスト因果関係の原則［訳注 3］に基づいて設定されることが望ましい。

TE はこの原則に完全に一致している。現在のトップダウン型の給電指令システムよりも確実である。

ロッキーマウンテン研究所のエイモリー・ロビンス博士は、最近の『公益事業』隔週刊誌のインタビューで以下のように簡潔に述べている。「我々は、電源方式、技術、規模、場所、所有者に関わらず、エネルギーを作り、節約するすべての方法が正当で公平な価格で競争する時代へと移行しています」。TE ビジネスモデルは、このロッキーマウンテン研究所の展望に合致している。

TE には透明性がある

TE のルールは、簡単で曖昧さはない。先渡し取引とスポット取引は権限を与えられたプレーヤーの間で行われる。今日の電気料金体系は複雑で不明瞭である。市場の変化に対応しようとすると、多くの場合、複雑になってしまう。TE モデルでは、誰もが、エネルギーと電力輸送に係る同じ料金となる先渡しとスポット取引を行っている。

本章のまとめ

TE によって、効率的で公平、かつ透明性のあるビジョンが提供される。需要家と生産者は、どのような規模であっても、同じルールでプレーする。コストは、オープンで商業的なプロセスにより公平に配分される。システム全体は、一貫性のある透明性のある原則で運用される。

TE によって、弾力性と適応性も提供される。 TE システムは、ワールド・ワイド・ウェブ（WWW）と同様に、自己修復する。機器や配線の状態の変化に即座に対応できる。マイクロマーケットは、独立してあるいは電力システムの不可欠な部分として、機能することができる。TE モデルは、経済的、技術的、社会的な変化に有機的な方法で適応する。

一言で言えば、先渡し取引とスポット取引は、風力・太陽光、分散型電源、集中型発電所、エネルギー貯蔵、マイクログリッドおよびこれまで考慮されてこなかった他の構成要素を、まとめて包含する磁石となりうる。

筆者らも、TE モデルへの移行が一晩で起こるとは考えていない。しかしそれはすでに始まっている。我々が注意深く進め、イノベーションに対する障壁を体系的に取り除けば、その変化は継続することになる。

本書の構成

TE のビジョンについては、第 2 章で詳しく説明する。TE モデルは、システム、接続、プロトコルの 3 つの柱から成っている。各要素については第 3 章で説明する。第 4 章では、電力市場における課題と機会に TE がどのように対応するかについて説明する。第 5 章では、なぜ TE が必要なのか？　という疑問に対して回答する。第６章では、現時点からどうやって TE に辿り着くか？　という疑問を取り扱う。著者の略歴は第７章で概説する。

この本は定期的に更新される予定である。新しい版は、ベイカーストリート・パブリッシング社のブログ（https://bakerstreetpublishing.com/blog/ ）などで発表される。リンクトインに関するトランザクティブ・エナジー協会（Transactive Energy Association：TEA）で、TE の継続的な議論に加わることができる。これらの議論の指針と TE の技術的な参考文献は、TEA のウェブサイト（www.tea-web.org）に掲載されている。

訳注 2:カリフォルニア州では、電力危機を背景に、電力価格の安定性、供給信頼度、エネルギー自給への意識が高まるとともに、コミュニティーが主体的に意志決定したいという要求が高まったことから、電力危機の翌年に州法「コミュニティーチョイス法（AB117)」が成立し、小売り自由化の一時中断期において需要家の選択肢を拡大するための措置として、コミュニティー負荷集約（CCA: Community Choice Aggregation）が認められることとなった。コミュニティー負荷集約に関して日本語で読める文献としては、下記の資料 p.129 を参照のこと。
・経済産業省 電力システム改革専門委員会：第２回参考資料 1-1「需要家の選択肢について」, 平成 24 年３月 24 日
http://www.meti.go.jp/committee/sougouenergy/sougou/denryoku_system_kaikaku/002_s01_01_19.pdf
訳注３：コスト因果関係（cost-causation）とは、コストを発生させる原因となる人がそのコストを負担しなければならないという原則である。これは公正性を維持するためだけでなく、需要家に正確な価格シグナルを伝達し、経済効率性を達成するのに役立つと考えられる。例えば、Lowell Alt: “Energy Utility Rate Setting”, Lulu.com（2006）, p.72 などを参照のこと。

第2章

エネルギー取引のビジョン

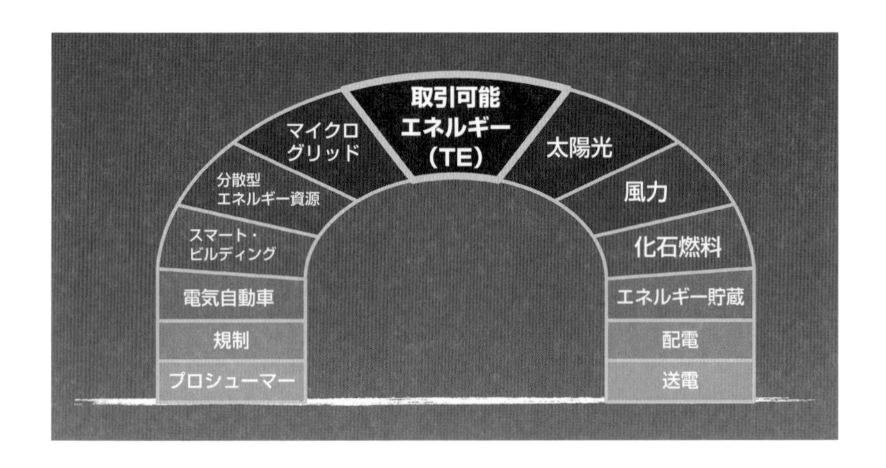

本章では取引可能なエネルギー（TE）を扱うビジネスモデルについて、基本的な内容を解説する。まず野球観戦のチケットの売買を例として取り上げ、誰もがよく知る取引のモデルから説明を始める。次に第2節でTEの入札、取引、受け渡しという3つのプロセスについて解説する。取引には先渡しとスポットの2種類があり、第3節ではこれらの取引が電力システムにおける投資や運用上の意志決定に、どのように利用されていくかを取り扱う。

2.1 背景

本節の概要

1. TEのビジネスモデルは新しいものではない。
2. スタッブハブ社のイベントチケットの取引市場は、複雑な市場で取引ビジネスが発展していく好例である。

我々の経済において、買い手と売り手の自主的な取引は必要不可欠なも

昔はこうしてチケットを買っていた。

のである。取引は市場経済の根幹である。

買い手と売り手を結びつけるため、さまざまな市場が発達してきた。日々の生活で必要な食料品や雑貨が欲しければ、買い手は小売店や雑貨屋へ行く。家を買うときは不動産会社を訪ねるが、彼らの仕事はまさに買い手と売り手を結びつけることにある。

インターネットやｅコマースによって、市場に関してとても興味深いイノベーションが起こっている。そうしたイノベーションによって、売り手はより便利になり、コストが減り、より多くの利益を得られるようになった。また買い手にとってもリスクがより小さくなった。野球観戦のチケットを扱う市場は、市場がいかに発達してきたかを示す好例である。

2000年以前は、チケットを購入しようとすれば、試合当日に球場へ行くか郵便で事前に購入するかの２つの方法しかなかった。いずれの場合も取引は１度きりで、チケットを購入すれば代金は野球チームに支払われていた。

売り場に掲示されたチケットの価格は決まっており、特別な座席で観戦したければ早めに球場へ足を運ぶしかなかった。あまり柔軟性のない方法

だった。

2000年から野球チームは年間シートについてインターネットを通じて販売するようになり、すぐに1試合ごとのチケットをインターネットを通じて販売するシステムへと発展した。

今ではサンフランシスコ・ジャイアンツのウェブサイトにアクセスすれば全ての試合のチケットを購入することができる。このシステムに、更に新しいアイデアが追加された。今では野球チームのオーナーがチケットの価格を最適化することで収益を最高にできるようになっている。需要が高かったり、売れ残っているチケットの枚数が少なくなったりすると、チケットの価格が上がる仕組みだ。ジャイアンツが勝っていて、天気がよく、売れ残っているチケットの枚数が少ない上に、試合当日が近いと、価格はさらに上がる。一方で多くのチケットが売れ残っていて、試合当日が近い場合には価格が下がる。こうした価格の調整は、洗練された収益管理アルゴリズムに基づいて行われる。オーナーの収入を最大化するように価格設定が行われるのだ。

すでにチケットを購入しているのに、予期せぬ仕事でその日の観戦が難しくなったとしよう。チケットは払い戻しされないため、誰かにチケットを譲るか、試合当日に球場のそばでチケットを売るダフ屋のような人を探すかということになるだろう。

手元には売りたいチケットがあり、もはやチケットの買い手ではない、という人は一定数いるだろう。割安で「お気に入り」の座席を確保するために年間シートを購入する人も多いが、彼らも全ての試合を観戦するわけではない。その座席を空席のままにしておくよりは、誰かに売りたいときもあるだろう。

2000年頃、シリコンバレーの起業家２人がそのニーズに注目した。彼らはインターネットを通じて活動する「スタッブハブ」という企業を起ち上げた。スタッブハブはデジタル時代のダフ屋となり、あらゆるコンサート、演劇、スポーツの試合について、チケットを買ったり売ったりする手段を転換する究極の仲介人となった。

現在､スタッブハブはオンラインの取引プラットフォームとなっていて、チケットの買い手と売り手に対してサービスを提供している。スタッブハブはアメリカ最大の中古チケット市場から、世界最大のチケット市場へと成長した。毎秒、何らかのスポーツの試合なり催し物のチケットの取引を処理し、2012年には月あたり約1,500万人が利用したと言われている。

2013年９月時点でスタッブハブは120以上の企業と提携している。その中にはアンシュッツ・エンターテインメント・グループやO2、ステイプルズ･センター、メジャーリーグベースボール･アドバンスド･メディア、メジャーリーグの28球団、ESPNケーブルテレビ・ネットワーク、全米大学体育協会に所属する35以上の大学も含まれる。ナショナル･ホッケー･リーグやアメリカ・プロバスケットボール・リーグ、メジャーリーグ・サッカーのプロスポーツチームも数多くスタッブハブと提携している。その他にもアメリカやヨーロッパの有名音楽会場や、イギリス・プレミアリーグのサッカーチームとも提携している。イギリスのクラウン・タレント・アンド・メディア・グループとも提携し、所属アーティストの一部についてスタッブハブが公式なチケット販売窓口となった。

スタッブハブはどのように機能しているのか

今では、野球観戦をしたいときはまずスタッブハブのウェブサイトにアクセスする。右側にあるメニューからジャイアンツのチケットを購入する、というボタンをクリックすると、パソコンの画面に球場全体が表示される。購入プロセスは購入したい座席の数と価格帯を指定するところからはじまる。こうすることで選択肢を絞り込むことができる。

画面には「全てのチケットに市場価格が適用されます。早めにチケットを購入するとお得です。チケット価格は市場での需要によって変化します」という文言が表示されている。そのため、今すぐチケットを購入するか、もう少し待ってから後でチケットを購入するか、選択する必要がある。その試合のチケットが売り切れると思えば今すぐ購入するし、チケットが売れ残りそうだと思えば試合当日が近づいてチケット価格が下がるのを待つことにする。自分の知識と優先順位に応じてコストとリスクを抑えることができるのだ。

インターネットやｅコマースによってより便利になるだけでなく、より多くの情報と、より多くの選択肢が提供されるようになった。しかしそれだけではない。

仮に、チケットを購入したのに試合を見に行けなくなったとしよう。一緒に観戦しようとしていた友人が病気になったり、仕事が舞い込んできたりして予定が変わることは珍しくない。それでも問題ない。スタッブハブに戻ってチケットを売ればよいのだ。決済処理はペイパル・アカウントを通じて行われる。

スマートフォンを通じてこうした取引ができる。スタッブハブはどうす

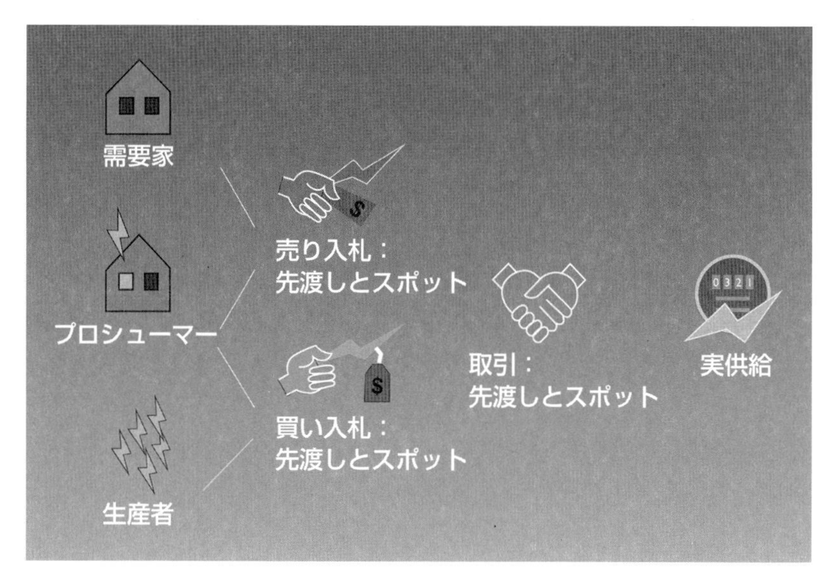

れば最適な値段でチケットを購入できるか、というチュートリアルすらも用意している。

現在のスタッブハブはオンラインのチケット取引プラットフォームとなっている。スタッブハブ自体は野球場やチームを所有しているわけではなく、チケットの買い手と売り手を結びつける便利な場を提供しているに過ぎない。スタッブハブが提供する場では24時間いつでも売りや買いの入札が可能で、取引がオンラインで完結するようになっている。

本節のまとめ

スタッブハブで可能なことの中には以下のようなものがある。

- ある価格帯に収まる球場の観戦チケットを買う、という入札を行う。
- ある価格で保持しているチケットを売る、という入札を行う。価格を変更したり、最後の瞬間に販売を留保したりすることもできる。
- 年間シートを購入し、自分で観戦できない日のチケットを個別に販売することができる。これによってリスクを減らすことができる。

- 友人が購入した座席の近くにある座席をリクエストすることができる。
- チケットを売ったり、買ったり、受け渡したりといったことが全てスマートフォンやその他のモバイル機器から行える。

本節の目的はジャイアンツを宣伝することでも、スタッブハブを広告することでもない。取引ビジネスモデルが、売り手と買い手双方の効率性をいかに向上させ、リスクをいかに減らすことができるかを説明することにある。

年間シートやその他の前売りチケットは先渡し取引である。近日の試合についてスタッブハブで行われる取引はスポット取引である。この、先渡し取引とスポット取引の組み合わせによって、効率性とリスク管理が可能になる。

スタッブハブの例は、複雑な市場でも取引モデルを活用することで、いかに個々の需要家の参加が容易になるかを示している。売り入札や買い入札を行い、取引を完了させることは簡単だ。

先渡し取引とスポット取引はオーナーやファンによる意志決定を調整するために使われる。全てのプレーヤーが円滑にやり取りを行うことができる。コストは小さく、顧客が受けるサービスは以前にはなかったものだ。球場にできる空席は以前よりも少なくなった。オーナーにとっては年間シートの販売がより容易になり、事業リスクが小さくなっている。物理的な設備は以前と変わらないが、より効率よく活用されるようになっている。

TE のビジネスモデルはスタッブハブが野球にもたらしたことと同じことを、電力産業にもたらすことができる。TE モデルは電気エネルギーの買い手（需要家）が、最低のコストで自らの需要を満たしてくれ、（単一または複数の）売り手を探し出すことを可能にする。同時に、長期および短期の意志決定の基となる明確な価格情報を、TE は買い手と売り手に提供する。そのことは生産者だけでなく、全てのプレーヤーのリスクを低減させることになる。

スタッブハブの素晴らしいところは物理的なシステムが全く変わっていないことである。取引を管理するプラットフォームが追加されているにすぎない。電力システムでも同じことが言える。短期においては物理的なシステムは同じままとなる。ただ、より効率的に運用されるだけだ。長期においては、継続して効率性を改善しコストを低減する方向に発展していくことになる。

スタッブハブは取引市場に最初に参入したために成功した。しかしシステムはイノベーションに対して開かれている。他の起業家がよりよい製品をもつ、あるいは同じ製品をもつ場合でも、市場に参入することを妨げるものはない。市場の数だけスタッブハブと同様のオンラインサービスが存在することになる。電力市場でも多くの「スタッブハブ」が存在するようになると予想されている。そして、そのことはよいことなのだ。

スタッブハブの使命はシンプルです。ファンに、見たい試合やコンサート、舞台のチケットを購入するための、安全で便利な場を提供すること、そしていけなくなったときにチケットを売る簡単な方法を提供することが、スタッブハブの使命です。

2000年から私たちは事業を続けてきました。これからも私たちはファンが制約なくチケットを売ったり買ったりできる、本当に開かれた市場が存在するよう活動を続けます。

スタッブハブ株式会社

スタッブハブへようこそ。どちらの座席がよろしいですか？

2.2 プロセス：入札、取引、受け渡し

本節の概要

1. 入札とは、何かを購入、または販売する意志表明のことをいう。
2. 取引とは、購入や販売に関する合意のことをいう。
3. エネルギーと流通サービスの2種類の商品が存在する。
4. エネルギーと流通のそれぞれについて別々の取引が行われる。

TEのプロセスは明快である。そこには電力の買い手と売り手が存在している。買い手は、予測されるエネルギー需要を満たすよう買いの入札を行う。売り手は、自らが有するエネルギーについて売りの入札を行う。そして買い手ないし売り手が入札を受け入れたとき、取引が成立することになる。

相対での取引であっても市場を通じた取引であっても、入札や取引はTEプラットフォーム上で行われる。歴史的には、そうした取引所はミネアポリス穀物取引所のように、現実に存在する建物の中にあった。しかしTEプラットフォームは仮想のもので、どこにでも設置でき、またさまざまな取引を支えるものとなる。おそらく将来は「クラウド」上で機能する

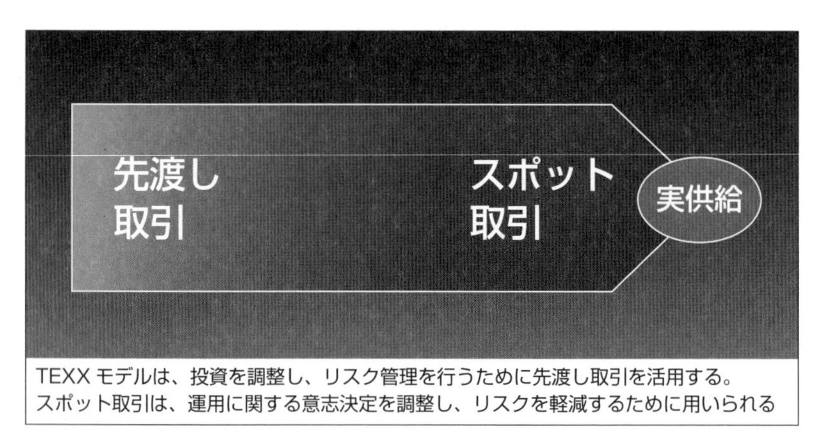

TEXXモデルは、投資を調整し、リスク管理を行うために先渡し取引を活用する。
スポット取引は、運用に関する意志決定を調整し、リスクを軽減するために用いられる

ソフトウェア・アプリケーションとなる。

TEのプロセスはまた流動的でもある。電力の買い手が、自ら予想したエネルギー需要に応じて取引を行うと、買い手は市場でポジションを得ることになる。もしも、よりよい条件の入札が生じたり、エネルギー需要に変更が生じたりすれば、取引のプロセスは買い手がよりよいポジションを実現するまで繰り返されることとなる。電力の売り手についても同様のプロセスが行われる。そして受け渡しが生じるそのときまで取引を続けることも可能である。

TEシステムでは入札や取引のスピードは非常に速い。演算速度は我々の理解を超えたスピードに達しており、しかもムーアの法則によれば１ドルあたりの演算能力は２年ごとに２倍になるという。エネルギーのモニタリングや予測、管理に関わる技術も進歩し続けている。第１章で取り上げた「ネスト・ラーニング・サーモスタット」は、すでに実現されたものの一例である。

新たな技術の発展によって取引のスピードや量が増えることで、一度に大きな量を扱う取引を、多数の小さな取引で置き換えることができるという便益が生まれる。買い手は一連の小さな取引を通じて、自動的に先渡し取引上のポジションを蓄積していく。そうすることでリスクを下げ、買い手と売り手の間で行き交うフィードバックがより多く生じることとなる。プレーヤーは、まずエネルギーを少し購入し、次に一定の流通枠を確保し、またさらにエネルギーを購入し、続いて流通枠を、というように取引を進めることも可能である。エネルギーや流通サービスの提供者は、需要家が支払ってもいいと思う価格にて供給できる量以上に供給を行うことはない。

買い手や売り手のポジションが決まると実供給が可能になり、その責務は取引システムから物理的なシステムに移行する。

買い手や売り手の先渡しポジションは、金融取引におけるポジション以上の意味を持っている。プレーヤーは自らのポジションに基づいて、投資の意志決定を行ったり、運用のスケジュールを決めたり、発電に必要な燃料を購入したり、発電機を起動したり出力を引き上げたり、後で供給するためにエネルギーを貯蔵したり、さまざまな行動をとることになる。実供給までの間、5分間ないしそれ未満の間に、系統運用者は系統全体の需要と供給のバランスを確認する。また運用者は、発電者や需要家のエネルギー購入や販売を誘発するような入札を行うこともある。実供給までの間に自らの先渡しポジションと実際に計測された供給とが正確に一致しなかった場合、プレーヤーは系統運用者に対してスポット価格で支払いを行うか、スポット価格で支払いを受けることになる。

TEにおける入札プロセス

TEはどんなプレーヤーでも（需要家も、生産者も、プロシューマーも）、異なる時間に買い手にも売り手にもなれるように設計されている。需要家は、何カ月あるいは何年か前に、先々の自らの需要の一部に充てるために、電力量を購入する契約を結んだり、買い入札を行ったりする。先渡し取引は電力料金に関するリスクを管理するための手段である。需要家は通常、ある時間帯について最も安価な売り入札ないし最も高価な（彼らに対する）買い入札を選択しようとする。

需要家側のエネルギーマネジメントシステム（EMS）は、気象予測に基づいて頻繁に冷暖房の需要などを予測して、電力消費の評価を行うとともに、その時点での先渡し取引で提示されている入札価格を評価するようになる。それによって、需要家の便益が最大化されるよう、需要家の機器の運用を最適化する入札が受け入れられるようになる。

実供給の時刻が近づくにつれて、需要家に提示される入札はスポット市場により大きく影響されるようになる。電力が必要とされる「瞬間」には、需要家はそのときのスポット価格を支払うか、すでに成立した買い入札に対して支払うか、積み上げてきたポジションの一部を売り戻すかの、いずれかを行うことになる。どの行動をとるかを決定するロジックは、先ほどと同様に、EMSなどの機器にプログラムされて組み込まれている。例えば、需要家の乾燥機が「今から4時間の間で、最も安価に稼働できる時間帯を探し出すように」と指示することもありうる。

大規模発電事業者や送配電事業者は、スポット入札や先渡し入札を行うため、より多くの労力をつぎ込むことが可能である。大規模事業者の入札は、取引を成立させるために買い手が受け入れることのできる入札のベースになる。トレーダーや小売り事業者のような仲介業者は、いくつもの売りや買いの入札を引き受ける。そして、それらを積み上げた合計のポジションを、別のプレーヤーに、入札により提供することができる。マーケットメーカー（値付け業者）は、先物市場における小規模な売り入札や買い入札に対して、取引時間帯ごとに継続的かつ自動的に小さいスプレッド（価格差）を提示することで、取引を成立させる役割を担う。マーケットメーカーとしてのライセンスを受け、こうした取引を行い、支払いを受ける場合もある。市場に参入する買い手と売り手が多くなればなるほど、入札価格はより公正になっていく。

エネルギーと輸送を購入・販売するプレーヤー

電力の買い手と売り手には、個人、世帯、企業、政府といったプレーヤーがいる。最小の単位としては、電気自動車の所有者が充電するために電力を購入する場合も考えられる。電気自動車は電力を購入するために、所有者だけでなくTEプラットフォームとも直接やり取りをすることができる。電気自動車には電力を溜めておく蓄電池が備わっており、所有者はある時に電力を買っておいて、別の時に電力を売ることもできる。実際の売り買いは電気自動車に組み込まれているEMSによって管理される。自動車メーカーはすでに、電力システムに接続するための電子システムを自動車にインストールしている。

対極の規模にある買い手として、単一のマイクログリッドを所有する所有者を想定することができる。ここで想定するマイクログリッドとは大学のキャンパスや軍の基地、自治体などである。マイクログリッドは、エネルギーシステムの計画と運用を自ら行う。しかし時間帯によってはマイクログリッドが系統側からの電力供給を必要としたり、系統側に電力を販売したいと考えたりすることがありうる。TE の仕組みではそれも可能である。複数のプレーヤーを内包するマイクログリッドでも、マイクログリッド内での取引とマイクログリッド外のプレーヤーとの取引の両者が可能である。

言い換えれば、TE のビジネスモデルはどのような規模にでも適用可能だということである。規模の拡大縮小が自在にできることは、電力システムにおいて重要になる。今日のインターネットでも、ウェブサイトは自由に規模を変えることができる。個人のブログのように小さなウェブサイトからアマゾンのように巨大なウェブサイトまで、さまざまな形態のウェブサイトが存在する。

売り手側でも同じことがいえる。車庫に停車中の、充電された蓄電池を持つ電気自動車 1 台の所有者が売り手になることもできるし、風力発電所や原子力発電所の所有者が売り手になることもできる。それにどのプレーヤーも買い手、売り手のいずれにもなることができる。それぞれのプレーヤーの需要や、そのときの入札価格に応じ、生産者であってもすでに売った電気を買い戻すことができるし、需要家も買ったエネルギーを再び売りに出すことができる。

買い入札

TE システムで買い手がエネルギーないし輸送を必要とする時、すでに行われている売り入札を受け入れるか、他のプレーヤーに対して買い入札を行うかのいずれかを行う。例えば、「家庭で所有する家電製品の利用や冷暖房のため、向こう 5 年間について毎日毎時 1.5 kWh の電力供給が必要だ」といった具合である。あるいはアルミニウム精錬工場であれば毎時10 MWhの買い入札を行う可能性もある。買い入札ではどれだけの量を、どこで、いつ需要するかを特定する必要がある。全ての入札はTEプラットフォームに集められ、他の入札全てと同じようにプラットフォームに記録される。

売り入札

売り入札は買い入札のちょうど逆となる。売り手はある時、ある場所で、電力を売ることができる。太陽光パネルを持つ家の所有者も売り手になりうる。オーナーのEMSは気象予測と連動し、太陽光パネルが所有者の需要より多くの電力を生み出すことを予測する。その場合、所有者はEMSの力を借りて、発電が需要を上回る時間帯について売り入札を行う。

風力発電所については、運用者が風が吹くと予測した時間について売り入札を行うことになる。原子力発電所の場合は、ほぼ一定の量で売りの入札を行うことになる。

取引

エネルギー取引は、２つのプレーヤー間で生じるエネルギーにまつわる支払いのやり取り、と定義できる。スタッブハブがチケットの販売や購入を調整するように、買い手と売り手は買いや売りの入札を活用して取引を始める。スタッブハブは数多くのチケット販売や購入をサポートするが、スタッブハブそのものが試合観戦に赴くことはない。スタッブハブは、サービスを提供することで収益を得ている、取引のプラットフォームなのだ。

TEプラットフォームでは、何が有効な取引を構成するかを管理するルールが存在することになる。基本的に、それは契約である。例えば、アヤックス風力発電所がカリフォルニア大学デービス校に対して、2016年7月10日の午前1時から午前2時にかけて100 kWhの電力を販売するのに合意したとしよう。アヤックス風力発電所はその時間帯に風が吹くことは

図 2-1. エネルギーと輸送サービスという 2 つの商品

確実だと予測しており、大学はその時間に電力が必要だと確実に考えている。しかし天候には不確実性がある。

もし 7 月 10 日に風が吹いていなければ、アヤックス風力発電所は TE プラットフォームに戻り、自らの取引に不足が発生しないようエネルギーを調達しなければならないことになる。彼らの供給義務は先渡し取引とスポット取引の組み合わせによって達成される。

2つの商品：エネルギーと輸送

TE システムでは、(ある時点、ある場所における) 電力量と、輸送という 2 つの商品が存在する (図 2-1 参照)。TE システムでエネルギーを買うことは、インターネットを通じて書籍を買うことに似ている。本の購入はアマゾンのウェブサイトを通じて行われ、配達すなわち輸送は UPS によって行われる。商品そのものと輸送とは異なる事業を通じて提供される。

電力の供給は送電線と配電線を通じて行われる。送配電網の所有者は民間所有の電力会社から連邦政府、地方自治体までさまざまである。

需要家が電力を必要とする時、2 つの入札を行う、あるいは 2 つの入札を受け入れる必要がある。1 つは (ある時点、ある場所における) 電力量

図 2-2 取引プラットフォームを通じた取引
（全てのプレーヤーが取引プラットフォーム提供者を通じてつながる）

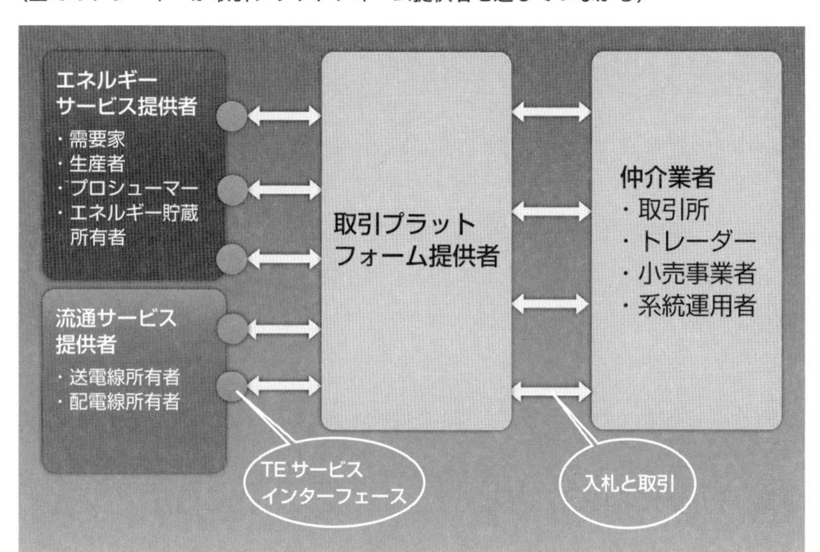

であり、もう１つが輸送である。

野球の観戦チケットを売買することに比べて、電力の取引は圧倒的に複雑と見えるかもしれない。たしかにこれは複雑なシステムではある。しかし、原則はそれほど複雑ではない。取引頻度の高い市場は証券やその他の金融産業でも実施されている。合意を受けた基準に則って、インターネットの枠組みを通じ、エージェントやアルゴリズムによってほとんどの意志決定が行われる。TE も同じように機能する。

TE プラットフォーム

全てのプレーヤーは、少なくとも１つの TE プラットフォームに接続される（図 2-2 参照）。そして TE プラットフォームでビジネスが行われる。入札や取引の情報は取引プラットフォームのそれぞれに付随するデータベースに蓄積される。

TEモデルで取引を行うプレーヤーは、電力を取引する者、輸送を取引する者、そして仲介業者の3種類に大別できる。加えて、取引そのものには参加せずに取引プラットフォームを提供するプレーヤーも存在する。また、取引そのものには参加せずに取引を監視する規制機関も存在する。全てのプレーヤーはTEのプロトコルを利用し、互いに入札や取引を行う。

システムの物理的な側面に注目すると、電力サービスと輸送サービスが存在する。ここには電力を供給、消費、輸送するあらゆるプレーヤーが含まれる。電力の実供給に物理的に関わるプレーヤーはいずれも、他のプレーヤーと入札や取引に関するやり取りを行うため、TEのサービスインターフェースを利用する。電力および輸送サービスを提供するプレーヤーは、実供給を計測するためのメーターも所有することになる。

仲介業者には、取引所やトレーダー、小売り事業者、系統運用者が含まれる。こうしたプレーヤーは、我々が例えばリンクトイン（LinkedIn）というキャリア・ウェブサイトのような、プラットフォーム上に存在するソーシャルネットワークに接続するのと同じように、TEプラットフォームに接続することになる。

規制機関は、経済的虐待を探知し、誰もがルールに基づいて行動しているかを監視するため、TEプラットフォームにアクセスする。その仕事を完遂するため、非常に洗練された分析手法を用いることになる。

本節のまとめ

TEにおけるビジネスのプロセスは明快である。買い手と売り手は、TEプラットフォームを通じて提供され受理された入札を通じて、それぞれのニーズをやり取りする。取引は取引所やトレーダー、他の仲介業者によって促進される。また電力と輸送の2つの商品が取引される。

電力サービス、輸送サービス、そして仲介業者はTEプラットフォーム上に記録される入札や取引の情報を用いてコミュニケーションをとる。

先渡し取引やスポット取引は、電力システム全体における投資や運用を調整するのに用いられる。次節では先渡し取引とスポット取引の機能について議論する。

2.3　先渡し取引とスポット取引

本節の概要

1. 電力経済システムでは2種類の意志決定が行われる。
   - 投資
   - 運用
2. 先渡し取引は投資に関する意志決定を調整し、リスク管理を行うために用いられる。
3. スポット取引は、運用に関する意志決定を調整し、リスクを軽減するために用いられる。

TEモデルは、投資を調整し、リスク管理を行うために先渡し取引を活用する。スポット取引は、運用に関する意志決定を調整し、リスクを軽減するために用いられる。

先渡し取引とスポット取引は、TEシステム全体で投資や運用に関する意志決定を調整するために活用される。かつては、投資に関する大きな意志決定は州や連邦の規制機関の許認可を受けて電力会社や大規模な発電事業者が行い、運用に関する意志決定は独立系統運用機関（ISO）と垂直統合型の電力会社によって行われてきた。需要家や分散型エネルギー資源（DER）は、ほとんどの場合、民間および自治体が運営する電力会社、あるいは許認可された小売り事業者が提供するkWhあたりの価格が固定された料金体系に基づいて行動してきた（図2-3参照）。

図 2-3. 2000 年時点の投資と運用の意志決定

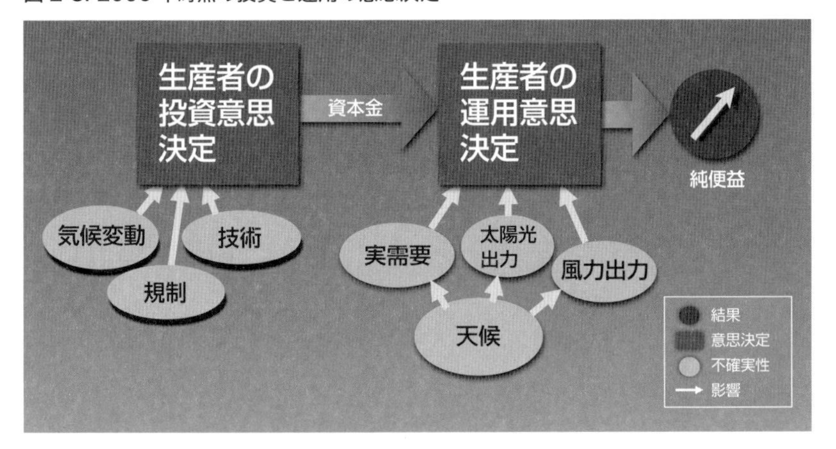

こうした体系は、供給が石炭火力や石油火力のような従来の集中型電源から、再生可能エネルギーや需要家による DER への投資にシフトするにつれて、問題を抱えるようになってきた。分散型の投資はエネルギー効率を向上させ、CO_2 排出量を削減するという目標を達成するために、よりいっそう重要なものとなっている（これら全てに関する課題と機会については第 4 章でより詳細に議論する）。

TE のビジネスモデルでは、電力経済システムの中で、先渡し取引が投資を調整するために利用される。小売り事業者やプロシューマー（顧客でありエネルギーの生産者でもあるプレーヤー）、そして分散型のエネルギー生産者は、先渡しの売買取引を行うために同じプラットフォームを利用する（図 2-4 参照）。すなわち、誰もが対等な場で取引を行うということである。

いかなる投資家も、先渡し取引を利用して価格やコストに関するリスクを管理することができる。現在も、民間電力会社や独立発電事業者（IPP）は、長期契約を活用してリスクを減じることができる。こうした契約は先渡し取引の 1 つの形態である。TE モデルでは、小売りの顧客も、サブス

図 2-4. 先渡し取引とスポット取引の役割
(TE のビジネスモデルでは先渡し入札と先渡し取引を利用して投資意志決定の調整やリスク管理を行う。スポット入札やスポット取引は運用上の意志決定に利用される)

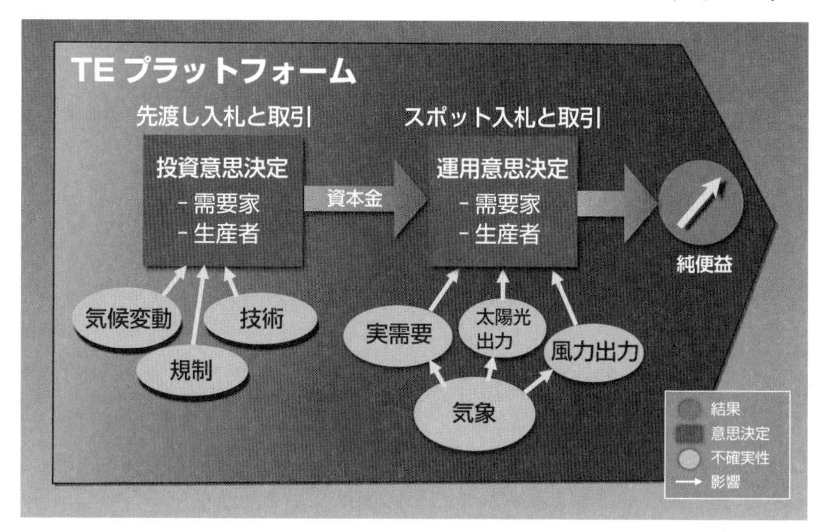

クリプション（定量契約）を利用して、太陽光パネルや効率のよい家電製品への投資に関するリスクを管理することができる。

TE モデルでは、スポット取引が運用に関する意志決定を調整するために用いられる。先渡し取引と同じように、大小全てのプレーヤーは同じスポット取引の取引所にアクセスすることが可能である。現在のモデルでは、大規模な卸売り業者や産業分野の需要家のみが、意志決定を調整するためにスポット取引を利用している。

投資や運用に関する全ての意志決定は自律的に行われる。生産者も需要家も、それぞれが何に投資を行い、どのように運用するかを決定する。それぞれの自律的な決定は、誰もが共通の取引プラットフォームに記録される共通の入札や取引を利用するがために、互いに調整される。

市場規制機関の役割は現在と同じような働きをする。規制機関は、ルールが遵守され経済的虐待がないことを保証する責任がある。

次に、投資や運用に関する意志決定について詳述する。投資の意志決定がいかに行われるか、そして先渡し取引が生産者や需要家がリスクを管理するため、どのように活用されるかを述べる。

大規模電力生産者と需要家の投資に関する意志決定

長期にわたる契約や定量契約は先渡し取引の中でもよくある取引である。長期の電力契約は将来において、事前に決められた価格で何らかの商品を供給する、という約束事である。需要家から見れば欲しいものを確実に手に入れる手段であり、投資家にとってはリスクを減らす手段となる。

産業部門の需要家は、もし必要なだけの電力が調達できるという確証がなければ、新たな工場の建設に二の足を踏む。同様に民間の投資家は、収益が得られる確証がなければ、今日の不確実性のある事業環境において、数百万ドルもの投資が必要な発電施設を建設しようとはしない。

民間および自治体所有の電力会社は、政府による規制の傘を利用して、技術的リスクや市場リスクのほとんどを回避してきた。民間電力会社と規制機関との合意とは「発電施設の建設に対し、投資家が公正な利益を得られる水準にスポット価格が維持される」というものである。この合意は民間電力会社のリスクを引き下げる。リスクが低下すれば借り入れの利子率を低く抑えることができる。利子率が低くなったことによるコスト削減の一部は需要家にも還元される。しかし需要家は、リスクが転嫁され、現時点では自身のリスクを引き下げる機会はほとんどない。

キャッシュフローは金融用語である。取引は投資の意志決定を調整しリスクを管理するために利用される。投資対象が原子力発電所であろうと効率のよい冷蔵庫であろうと、アプローチは同じである。

例を挙げて考えよう。洗練された投資家は、プロジェクトにより毎年流出するキャッシュフローと流入するキャッシュフローとを洗い出すことから始める。図 2-5 はガス火力発電所や風力発電所のような典型的な発電施

図 2-5. 投資判断の基準
（キャッシュフローの割引現在価値が０より大きいと予想される場合、
投資は望ましいものと判断される）

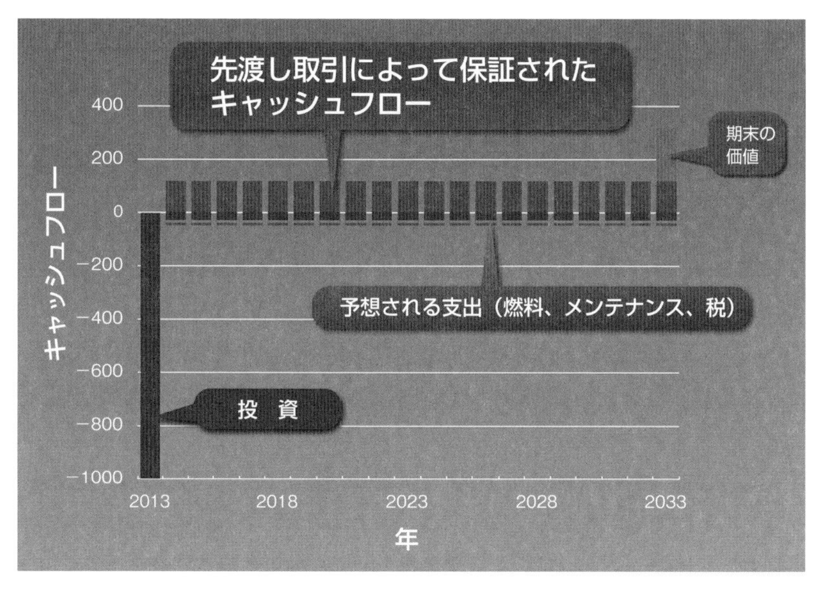

設に関するキャッシュフローを示している。計算に必要な要素は次のようなものである。

1)初期投資（負のキャッシュフロー）

2)販売による売り上げ、多くの場合でこれが最も重要だが最も不確実性が高い（正のキャッシュフロー）

3)支出：燃料、メンテナンス、税など（負のキャッシュフロー）

4)期末の価値：耐用期間終了後に残った資産のうち販売可能なもの（正のキャッシュフロー）

最も大きな「リスク」は、多くの場合で項目 2）販売による売り上げにある。これが小さ過ぎれば、プロジェクトは資金を失うことになる。

先渡し取引は、売り上げに関わるキャッシュフローの不確実性のかなりの部分を取り除くために利用される。売り手は、自らが供給できる量を推計し、TE プラットフォーム上で他のプレーヤーに対して売りの「入札」を行う。一つの需要家とあるいは理想的には多くの需要家と電力の取引を行えば、プロジェクトに投資を行ったプレーヤーは、向こう 10 年ないし 20 年について予測可能なキャッシュフローを得ることができる。これによって市場リスクを大きく引き下げることができる。

プロジェクトは割引現在価値（NPV）の概念を用いて評価される。理論的には、NPV が正なら投資は収益性があると判断される。少なくとも、銀行にお金を預けたままにしておくよりはよい（NPV に関する背景知識については金融の入門講義で学習することを推奨する。ミシガン大学が提供しているオンラインコースが充実している。また、このオンラインコースは無料である）。

先渡し取引や長期契約により、売り上げに関するキャッシュフローの不確実性が小さくなる。これには借入利子率を引き下げる効果もあり、プロジェクトの収益性を更に高めることにつながる。同じ理論が、火力発電所にも風力発電所にも大規模太陽光発電所にも当てはまる。

小規模な生産者や需要家の投資意志決定

新たな経済システムにおける投資のほとんどは、需要家やプロシューマー、DER の所有者によって行われることとなる。こうした投資は、効率性や環境、信頼度に関する目標を達成するために必要となる。

定量契約は先渡し取引の一形態である。例えば、雑誌について定期購読契約を結べば、年間の発行刊数に応じてあらかじめ決められた金額を支払うと約束することになる。支払いは事前に行われる。このことによって契約を結ぶ顧客と出版社の双方はリスクを減らすことができる。顧客にとっては、雑誌が毎号出版されたタイミングで手元に届くことが保証されるし、雑誌を全て書店で購入するよりも少ない金額の支払いで済む。このように、定量契約は特定の価格でサービスを保証する一種の先渡し取引である。

もし「エコノミスト」誌のある号を、休暇で留守にしているがために受け取り損ねたり、友人にあげるためもう１部欲しかったり、という場合には書店で購入することができる。もちろん、定期購読価格よりもずっと高い店頭価格を支払うことになる。書店はある種のスポット市場である。書店は定期購読契約を望まない人や、まだ契約を行っていない人に対して販売を行っている。

TE モデルでは、小売りの顧客は、電力について定量契約を結ぶことができる。このことによって、現時点で大規模な生産者が利用可能なものと同一の、経済的な優位性やリスクを引き下げるメカニズムを、享受できるようになる。

需要家によるエネルギーや輸送に関する定量契約は、大規模な生産者が先渡し取引を行うのと同じ TE プラットフォームで行われる。TE プラットフォームを共有することで、経済システム全体にわたる調整が可能になる。

図 2-6 に需要家による、高効率空調機器のような、エネルギー効率のよい機器への投資に関するキャッシュフローを示す。このうち重要となるのは次の４点である。

1)機器の初期コスト（負のキャッシュフロー）
2)税控除と補助金（正のキャッシュフロー）
3)運用コストの節約（正のキャッシュフロー）
4)期末の価値:売却時における資産価値の増加分（正のキャッシュフロー）

不確実性があるのは節約額であり、それが需要家の投資意志決定を導くものでもある。家電製品には多くの場合、節約額も示されているが、それは平均的な利用状況と将来のエネルギー価格に基づく推計でしかなく、不確実なものである。

定量契約や先渡し取引を利用できれば、需要家側での節約額の不確実性をかなり取り除くことができる。繰り返しになるが、このことによって効率性のよい機器への投資を容易にすることができる。小規模なプレーヤー

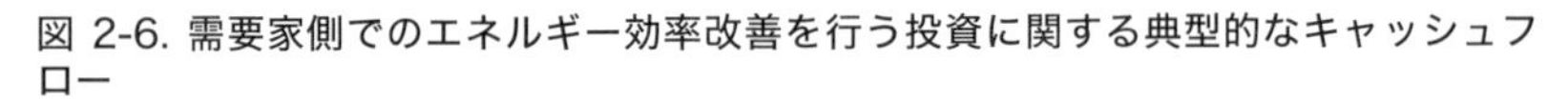

図 2-6. 需要家側でのエネルギー効率改善を行う投資に関する典型的なキャッシュフロー

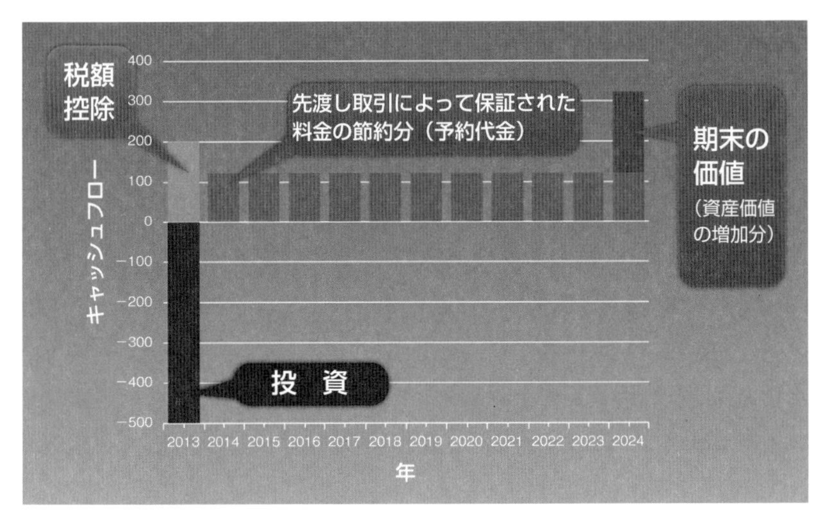

にも、大規模な投資家が先渡し取引を利用するのと同じように、リスクを減らすことが可能となる。取引環境を揃えることで、需要家による効率のよい機器への投資が確実に増加することになる。

投資は、エネルギー効率の向上に資する投資のうち最も収益性の高いものへと流れることになる。新たな太陽光発電設備や住宅の断熱、蓄電池、ガスタービンなどでイノベーションが起こる可能性がある。将来の変化に関する見通しとしては、システム全体が新たな現実に急速に適応していくことが考えられる。イノベーションはまさに起こっている。需要家や投資家がどのイノベーションを選択するかは、それぞれのプレーヤーの自主性に任されている。

TE モデルでは、家庭も生産者と同じ TE プラットフォームで先渡し取引を利用して電力を売買する。取引環境は平等である。更に、小規模な需要家も大規模な生産者や需要家と同じリスクマネジメントの手段を用いることが可能である。

表 2-1. 意志決定の比較

意志決定	TE	既存のシステム（サービスコスト）
生産者の投資	先渡し取引が収益性を決め、リスクを減らす。	民間電力会社が行う投資は、料金算定の基準に算入することが認められる。料金算定基準に算入される投資はいずれも公正な利益が保証される。
需要家の投資	先渡し取引（定量契約）が節約額を決め、リスクを減らす。	将来のサービスコストと補助金の予測に基づく。
生産者の運用	エネルギーと輸送サービスのスポット価格。	最低コストに基づく。
需要家の行動	エネルギーと輸送サービスのスポット価格。	サービスコストに基づく。変動がない、価格が固定された料金。

運用上の意志決定

節約額や収益は、究極的には機器がどのように運用されるかによって決定される。暖房器具やエアコンのように大部分の家電製品がどう使われるかは天候に左右されるため、事前には予測できない。天候により、冷暖房の需要が決定づけられる。天候は風力や太陽光の電力がどれだけ使えるかをも決定づけるため、その重要性が日に日に増している。将来の需要と供給とを究極的な正確さで予測することは不可能なため、スポット取引が必要となる。天候不順のために生産者が先渡し取引で約束しただけの電力量を供給できない場合、生産者は自らの契約を遵守するためにスポット市場で電力を買うことが可能である。同様に、需要家が自分の定量契約以上にエネルギーを利用する場合、定量契約と実際の消費量との差分をスポット市場での購入によって埋め合わせることができる（表 2-1 参照）。

図 2-7 に需要家の実需要と先渡し取引におけるポジションとの違いを示

す。12時の時点で需要が定量契約（先渡し取引のポジション）による電力を超過している。このことは何ら問題ではない。なぜならば需要家のEMSがその時点におけるスポット入札の価格で定量契約と実需要の差分を購入するからである。同じように、早朝の時間帯には電力の購入量が需要量を上回っているが、このときの超過分もその時点におけるスポット入札の価格で販売されることになる。

カリフォルニアの民間電力会社は、需要家の意志決定に適切なシグナルを与えるために、時間帯別料金制度を定めようと試行錯誤しているが、これは不可能に近い。物事が変化するスピードは、計画を行うプレーヤーがついていけないほどに早い。例えば、これまでは年間で最大の需要が発生する日は最も暑い夏の日であり、電力価格も最大となる日であった。この、あまりに単純化された理論により、その最大需要を満たすために新たな発電設備を建設する必要があった。

新たな現実は、太陽が照って気温が上昇するため、太陽光による電力供給が冷房需要が最大となる時間帯とほとんど一致することである。もし十分な量の太陽光パネルが導入されていれば、これまでピーク需要が生じていた時間帯にエネルギーの余剰が発生し、入札価格が低くなる、あるいはゼロないし負となる可能性がある。では、どうすればよいだろうか。

TEモデルであればこのことは問題にならない。電力利用は電力が不足しがちで高価な時間帯から、電力が豊富で安価な時間帯へとシフトする。そして外部からの一切の介入なしに、そのシフトが起こる。

ガスタービンや風力発電所に対する投資が多くの注目を集める一方で、エネルギー効率が向上する将来においては需要家による投資が多くを占めることになると予想される。こうした投資は、産業部門の需要家が行う大規模な生産工程の変更から、家庭部門の需要家による効率のよい家電製品や太陽光パネル、断熱まであらゆる階層で行われる。

TEシステムでは、需要家側も、生産者が有しているのと同じ洗練された運用理論を有することになる。各家庭が、あるいはおそらく各スマート

図 2-7. スポット取引の役割
(スポット市場取引は先渡しポジションと実需要の差異を取り除くために利用される)

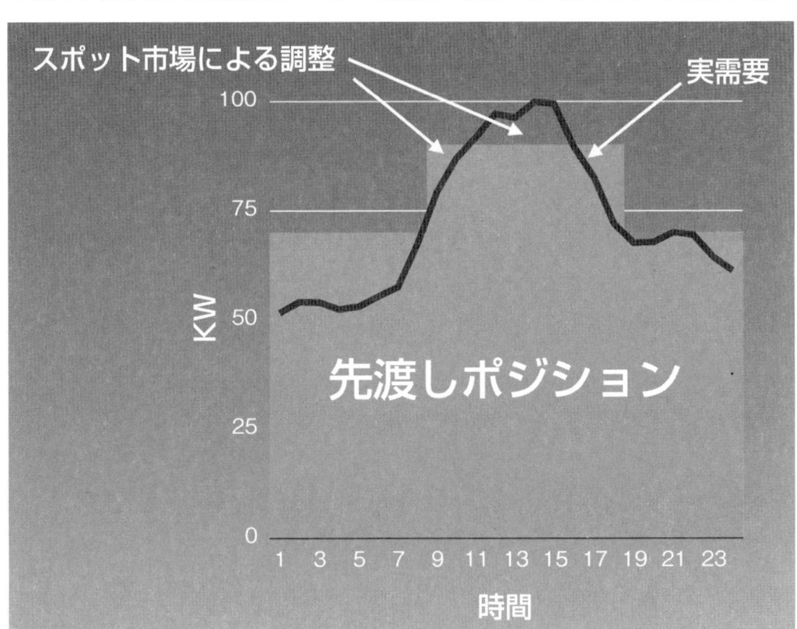

家電が、一日が始まる前にその日の各時間におけるポジションを有することになるだろう。それは先渡し取引を通じて取引したり、定量契約を結んだりすることによって得た電力量である。ポジションそのものはさまざまな要因によって決定される。

- 住宅の熱力学的な特徴
- 予期される在宅時間
- 気象予測
- 需要家の快適性や利便性に対する選好

需要家のポジションと実際の需要には常に差異が生じることになる。予想よりも暑い日になれば、室内を「完璧な」気温に保つため、エアコンは予想していたよりも高い出力で稼働しなくてはならないことになる。

図 2-8. TE の需要家による活用例

●自身の典型的な電力消費の形態に基づき、毎月定額で、年間を通じて毎時間一定量の電力供給を受ける契約を、自動的に供給者と結ぶ（定量契約）。

・もしある 1 時間について契約したよりも少ない電力を使用した場合は、少ない分だけそのときのスポット価格に基づいて支払いを受ける。
・もしある時間について契約したよりも多く電力を使用した場合は、多い分だけそのときのスポット価格に基づいて支払いを行う。

●自分の需要が変化するのに応じて、いつでも自動的に、その時点で供給者が入札しているスポット価格で、電力を売ったり買ったりすることができる。

取引に関する意志決定は全て EMS に組み込まれたアルゴリズムが処理する。EMS がエージェントとして振る舞う。

この場合、EMS はエアコンの出力を上げるため、より多くの電力をスポット市場で購入するか、サーモスタットの設定温度を上げることになる。その決定は現在の需要家の選好や論理に基づいて自動的に行われる。

一般家庭のオーナーが過大な電力の定量契約を結ぶこともある。TE モデルではこのことも問題にならない。余剰分の電力はスポット市場で販売されることとなる。もし販売価格が定量契約で定められた価格より高ければ、オーナーは利益を得ることになる。優秀な EMS であれば一般家庭のオーナーやプロシューマーに利益をもたらすことも可能となる。

太陽光パネルやスマート家電から蓄電池まで、エネルギー貯蔵や電力生産を行うあらゆる手段について、私たちひとりひとりが運用に関する意志決定を下すことが難しいことは、想像に難くない。TE の素晴らしいところは、EMS が、オーナーの便益を最大化するために、必要な市場の情報を全て有し、他の全ての生産者や需要家とも調整がなされるように便益を最大化する、という点である。

需要家はおそらく「受動的な」需要家と「積極的な」需要家に分類されることになる。電気料金の支払いが小さく、自らの電力消費を管理することに関心のない需要家は、現在と同じように行動し続けることを選ぶと考えられる。そうした需要家は、それぞれの需要を満たす定量契約を利用し、電気料金を月ごとに支払うことになる。

自動化されたやり取りは「積極的な」エネルギー消費者にとって魅力的なものに映るだろう。そうした需要家は大きな電力需要を有するようになり、またエネルギー効率を向上させるための投資も行うこととなる（図2-8参照）。一般的に、そうした需要家は運用上の意志決定がリアルタイムで行えるようなEMSを有することになる。EMSは、需要家の代理人として効率的に行動する。

本節のまとめ

入札と取引によって、電力と輸送についての意志決定が調整される。また、取引には先渡しとスポットという２種類がある。

生産者も需要家も、電力システムに参加する方法の違いは全くない。全てのプレーヤーについて、電力や輸送を売り買いする理論は同じである。どのような電力供給システムが構築され、それがいかに運用されるかは、究極的にはプレーヤー間の商業的な取引と各プレーヤーの自主的な意志決定に規定されることとなる。

先渡し取引は、システム全体の投資を調整しリスクを管理するために活用される。また電力と輸送の両者について、生産者と需要家の両者が、先渡し取引を利用する。

運用上の意志決定については、全てのプレーヤーがスポット取引を利用する。スポット取引は、生産者と需要家の運用についての意志決定を調整するために活用される。ここに関わるプレーヤーとしては生産者、プロシューマー、需要家、DER所有者、そしてまたエネルギー貯蔵設備の所有者や運用者までもが含まれる。エネルギー貯蔵設備にも大規模な揚水発電設備や、電気自動車の蓄電池といったものがある。これら全てについて運用の原則やルールは全く同じものとなっている。

調整はTEプラットフォームによって行われる。先渡し取引もスポット取引も同じプラットフォームに記録される。現在のところ、卸電力や輸送についてはある程度オープンなプラットフォームが存在するが、商業部門や家庭部門の需要が利用可能なオープン・プラットフォームは存在しない。

先渡し取引を通じて将来の収入や節約を確定させることで、リスクマネジメントが行われる。ここでも、生産者と需要家の双方が同じリスクマネジメントの機会にアクセスできる。現時点では、卸売り生産者が長期契約や規制機関との約束事によってリスクマネジメントを行っている。一方で需要家のリスクマネジメントは、それぞれの工夫に任されているのが現状である。

サービスは、規模の拡大や縮小が自在となっている。つまり、同じサービスをマイクログリッドにも、地理的な地域全体にも適用することが可能である。TEに関する最初の実験的な実践は、大規模なマイクログリッドで行われる可能性がある。

TEビジネスモデルは、生態学者が言うところの「創発的行動」の例を導くものとなる可能性がある。集団に属する全ての個人が、集権的な調整を受けることなく、数少ないシンプルなルールに従って行動するとき、創発的行動が生じる。鳥や魚が群れをなして行動する際に見られる行為がそれである。TEの場合は、自主的に行動するプレーヤーが数少ないシンプルなルールに従って行動することで、効率的な順応性のある集団的な行動につながる可能性がある。「数少ないシンプルなルール」とは、生産者が先渡し取引とスポット取引を活用して利益最大化を行うということと、需要家が先渡し取引とスポット取引を活用して便益を最大化することである。

現在の総括原価方式における意志決定の方法とTEモデルとの違いは、表2-1のようにまとめられる。違いは明確であり、なぜTEのビジネスモデルがより効率的なシステムをもたらしうるのか、そして究極的には化石燃料への依存を減らすことができるのかが、分かりやすく示されている。

先渡し取引により、誰もが収入や支出を平準化し、リスクマネジメントを行うことが可能となる。スポット取引により、システムが燃料費の変化やその他の偶発的な変化に対して順応し、適切に対処することが可能になる。

次章以降で述べるように、TE は情報通信技術（ICT）の分野で生じてきた革命的な進歩を利用するものである。家庭の需要家も、どのような投資を行い、どのように自らが持つ機器を運用するかについて、意志決定を下すサポートをしてくれる洗練された EMS を、将来得ることになる。

2.4　エネルギー輸送

本節の概要

1. TE モデルにおいて、輸送とエネルギーは別個の商品として扱われる。
2. TE は輸送に関連する様々な課題を解決することができる。
   - 輸送のスポット取引を活用することで、地域のネットワークにおける混雑を避けることができる。
   - 輸送の先渡し取引（定量契約）を活用することで、輸送にかかる固定費を回収することが保証される。
3. 輸送の先渡し取引価格とスポット取引価格は、輸送がどの２地点を結ぶかによって決まる。そのことが次のことにつながる。
   - 適切な地点に立地したエネルギー貯蔵設備や電源が有利となる。
   - 既存の輸送インフラの効率的な利用を促進する。
   - 輸送に関する投資を誘発する。

TE モデルはエネルギーから輸送を切り離す。TE モデルにおいてエネルギーを購入することは、インターネットを通じて書籍を購入するような

図 2-9. 合計価格
（合計価格はエネルギー価格と輸送価格の和となる）

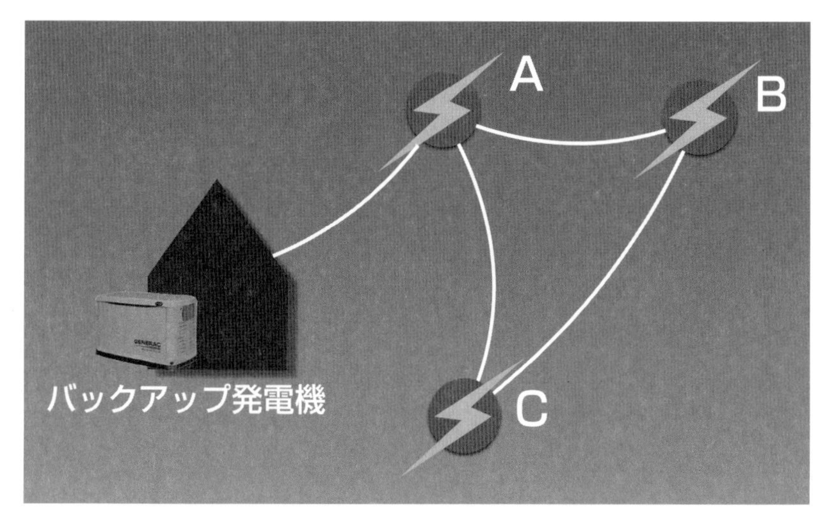

ものである。書籍そのものはアマゾンのような販売業者から買うが、書籍の配送はUPSのような宅配サービスによって行われる。書籍と輸送とは別々の製品なのだ。需要家の支払い合計は、書籍の価格と発送や配送の価格との合計となる。TEは電力について同様に機能する。

需要家のEMSは、エネルギーの入札と、エネルギーを供給するための輸送の入札とを、自動的に評価する。EMSは、供給されるエネルギーの合計価格を比較することで、供給先同士の比較を行うことができる。エネルギーの合計価格は、エネルギーの入札価格と輸送の入札価格との和に等しい（図2-9参照）。

例えば、需要家のEMSは、系統上の地点A、B、Cのいずれかからエネルギーを購入するか、需要家が有するバックアップ発電機を利用するか、から選択することができる。合計価格は、各地点におけるエネルギー入札価格と、各地点から需要家の家庭までの輸送に関する入札価格との和である。その合計価格が、特定の時間帯ごとに需要家のEMSによって把握さ

表 2-2. エネルギーと流通サービスの価格

エネルギー的な位置	その地点でのエネルギー価格	一般家庭への輸送価格	合計価格
一般家庭	50	0	50
A点	38	4	42
B点	30	7	37
C点	30	3	33

れている（表 2-2 参照：バックアップ発電機ランニングコスト 50 ドルの「一般家庭」）。地点Cが最も低い合計価格となる選択肢であり（表 2-2 参照）、EMS は、C 地点のエネルギーとC地点から自らの施設までの地点間輸送とを選択することは明らかである。

電力は送電線や配電線、変電所やその他の機器からなる電力網を通じて供給される。民間電力会社や独立送電系統所有者、連邦政府、地方自治体など様々な組織が電力網を所有している。

ほとんどの電力網は交流である。エネルギーは物理法則に従ってさまざまな経路を同時に流れる。地点Cからエネルギーを購入するケースでも、エネルギーの一部は地点CからAを通じて一般家庭に流れ、一部は地点CからBを通り、更にAも通って一般家庭に流れてくる。現実の電力網ではこうしたリンクやノードが何千と存在する。

需要家側の EMS は、どれだけのエネルギーがそれぞれのリンクや経路を流れるか、把握する必要はない。需要家側の EMS が把握しなければならないのは、各地点から需要家の家庭までの輸送についての入札価格のみである。そして EMS は供給価格が最低となるエネルギーの入札と輸送の入札とのペアを選び出す。入札は全て TE プラットフォーム上に提示される。

輸送容量の制約とエネルギー損失の管理

電力網の容量は、電力網を構成する電線や機器の容量に規定される。TE における地点間の入札価格は、電力網のどこかで混雑が生じるとそれを反映して変化する。発電事業者や需要家は混雑を避けるため、入札を活用して発電や負荷を調整することになる。

輸送の運用者は、電力網に流れ込むエネルギーの実潮流と電力網から流れ出すエネルギーの実潮流とを監視する責任がある。また輸送ネットワークにおける、各電線、変電所、その他の機器に関する潮流についても、輸送の運用者が計算し、ある場合には監視することが可能である。アルゴリズムの助けにより、マーケットメーカーは、各地点の輸送入札価格を上昇させたり下落させたりして調整を行う。この調整により需要家や発電事業者の EMS は、各地点でどれだけ電力を消費しあるいは発電するかを調整することが可能となる。

輸送価格には、電力網のある地点から別の地点へエネルギーを移動させた場合に生じる、追加的な送電損失の限界費用も含まれる。電力線や機器はエネルギーを送る際に発熱し、発熱はエネルギー損失につながる。エネルギー損失は電力網において電流の 2 乗に比例する。電流が 2 倍になれば、損失は 4 倍となる。

平均的な輸送損失は約 7%である。もし電力網が混雑してくれば、追加的な損失は特定の地点間において 40%にまで高まる場合もある。そうなると、地点 C からの供給は最低価格でなくなり、地点 A からの供給がより魅力的になる可能性がある（表 2-2 参照）。需要家の EMS は系統上で何が起こっているかを知る必要はない。EMS は、TE プラットフォームを通じて与えられる地点間の輸送価格のみを把握していればよい。

図 2-10. トランス混雑の例

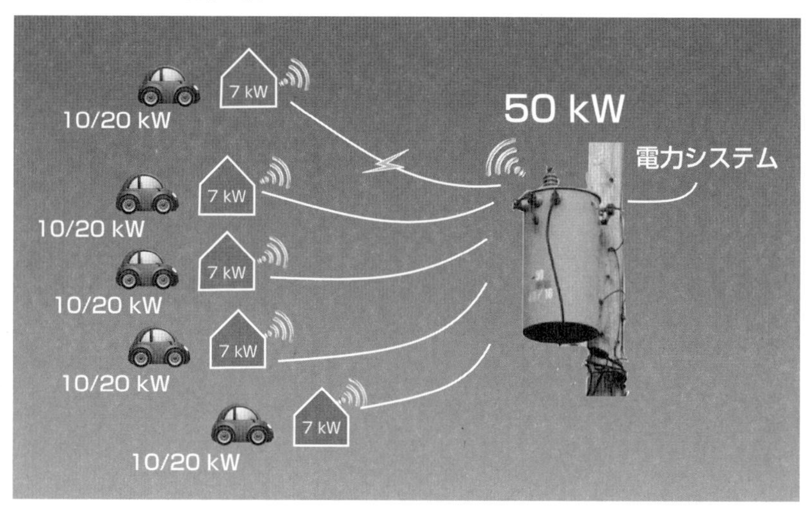

輸送についての先渡し定量契約とスポット取引

輸送に関する先渡し取引や定量契約は、需要家や供給者が一定量の輸送について既知の価格で契約する経済的な仕組みを提供する。

需要家と生産者の支払い意志に基づく先渡し取引と定量契約は、送配電網への追加投資を調整するシグナルとなる。電力システムに新たな電源容量を追加するプロジェクトがあると、より多くの定量輸送契約を販売できるようになる。需要家と生産者が新たに定量契約を購入する意志があれば、投資家は新たな容量を追加するための投資を行うことになる。

スポット取引は、送配電による損失を最小化するように運用の意志決定を調整する。需要家は常に、電力と輸送のスポット入札を利用して、必要な電力を得るのに必要な電力価格と輸送価格の合計が最小となるような選択を行っている。送配電網が混雑してくると、輸送の運用者は混雑を緩和するために地点間価格を調整する（図 2-10 参照）。送配電網の運用者は、スポット入札価格を決定するため、洗練されたアルゴリズムを用いることになる。

以下の例は、急速充電可能な電気自動車を持っている家庭が複数存在するような住宅地で、TE モデルがどのように電力システムを調整できるかを示すものである。

5 軒の家からなるクラスターが、50 kW の容量を持つ変圧器 1 基に接続されている。それぞれの家庭はテスラの電気自動車、モデル S を所有している。この電気自動車に搭載されている蓄電池は 10 kW（シングル・チャージャー）で満充電まで 8 時間、20 kW（ダブル・チャージャー）で満充電まで 4 時間かかる。実際に充電までどのくらい時間がかかるかは、日々どれだけの距離を走行しているかに依存する。もし 5 軒の家庭全てが同時に充電しようとすれば、変圧器の容量がいっぱいになってしまい、家庭内での他の電力を使用するための変圧器容量がなくなってしまう。

仮に 5 軒の各家庭が 10 kW の定量輸送契約を結んでいるとしよう。このとき各家庭は、いつでも変圧器から 10 kW の輸送を受けることができる。もし全ての家庭が、単位時間ごとに定量契約にある 10 kW 以上に電力を使用しなければ問題は生じない。しかし、2 軒の家庭がそれぞれ 20 kW で電気自動車を充電しようとすると、問題が生じる可能性がある。

各家庭は EMS を有しており、変圧器にはマイクロ TE プラットフォームが存在する。TE プラットフォームは向こう 24 時間を 15 分間隔で区切り、先渡しの輸送入札についてやりとりを行っている。輸送の入札価格は、輸送のマーケットメーカーが持つアルゴリズムによって、混雑がなくなるまで調整される。需要家は、自分が持っている定量契約 10kW を全量必要としないときは、その一部をクラスター内の別の家庭に販売することができる。定量契約以上に容量が必要な場合は、他の家庭から購入することができる。

5 軒の需要家の需要に対し輸送の供給が不足する場合は、需要家側から輸送の供給者に変圧器の容量を 100kW に更新するよう求めることができる。各家庭は 10kW の輸送に関する定量契約を追加し、新たな容量の追加にかかる費用をまかなうため、新たに毎月一定の料金を負担するようになる。

このモデルの優れている点は、スマートなマネジメントをもってしても容量の追加が避けられない場合にのみ、容量が追加されるところにある。また、需要家が新規容量が追加されたその時に、そのための費用を支払う契約を結ぶところも優れている。システムは効率的かつ公平で透明性がある。加えて、需要家がテスラを売却しても輸送のための支払いを継続しなくてはならないが、その場合は同じクラスターの中でより多くの容量を必要とする家庭に容量を販売することが可能である。

５軒の家の中に太陽光パネルや蓄電池を保有するところがあるとしよう。するとEMSがクラスター内の家庭同士でのエネルギー取引を支援することが可能になる。クラスター内での取引は輸送に対する需要を減らす効果がある。５軒の家からなるクラスターがひとつの小さな電力システムになる。各家庭のEMSは、各家庭内での電力消費や車の充電、あらゆる家庭内蓄電池の充放電を管理することになる。それと同時に、変圧器の向こう側に存在する生産者からの電力購入や電力販売と、クラスター内の他の４家庭との電力取引の管理もEMSが担うことになる。クラスターに属する家庭は、変圧器の向こう側に存在するシステム大のTEプラットフォームと外の世界の価格情報についてやり取りを行う。更にこれが進化したバージョンでは、電気回路のスイッチや保護回路とその制御まで含まれる可能性もある。ここまで進化すると、基幹系統が嵐で稼働を停止してしまっても、クラスター内は太陽光発電や自動車などの蓄電池とバックアップ発電機を利用して、必要最低限の需要を満たすよう稼働できるようになる。

このような仕組みは複雑に見えるかもしれないが、その複雑さはコンピューター、アルゴリズム、情報通信システムによって、需要家からは見えないところで管理される。EMSは単純に、所有者の意志を実現するように働く。つまり、EMSは所有者の代理人として活動するのである。

電力システムにおける地点効果の重要性

エネルギー貯蔵設備は、適切な地点に設置されれば、輸送に対する需要を減らすことができる。エネルギー貯蔵設備は、需要をある時点から別の時点に移すことができる。通常、エネルギー貯蔵設備は、電力線に対する負荷が小さい夜間に充電される。すると、エネルギー貯蔵設備によって、既存の電力線をより効率的に利用することが可能になり、新たな電力線に対する必要性を減らすことができる。

DERも、輸送の容量に対する需要を減らすことに貢献できる可能性がある。電力が消費地の近くで生産されれば、輸送に対する需要は減少する。

先渡し取引は長期的な輸送コストの節約を反映する。蓄電池によって新たな送電線の建設を回避できれば、その節約分は先渡し入札の価値に反映される。節約額は蓄電池に対する投資が行われた時点で捉えられる。輸送に対する投資を減らすようなDERでも同様である。言い換えれば、全ての生産者と需要家が意志決定を調整し、リスク管理を行うのと同じように、蓄電設備やDERの投資家も先渡し取引を利用するということである。

スポット取引は蓄電設備やDERの運用上の意志決定を調整するために用いられる。集中的に設置される蓄電設備も、DERも、家庭が所有する蓄電設備も、買い入札と売り入札が行われる、同じTEプラットフォームに接続される。

民間電力会社が抱える問題にTEが与えるソリューション

需要家が支払う電気料金の大部分は送配電にかかる料金となっている場合がある。図2-11はパシフィック・ガス・アンド・エレクトリック（PG&E）、サザン・カリフォルニア・エジソン（SCE）、サンディエゴ・ガス・アンド・エレクトリック（SDG&E）の、現在の供給原価を合計し、送電、配電、電力（発電）に関するコストに分解したものである。ここに示されたコス

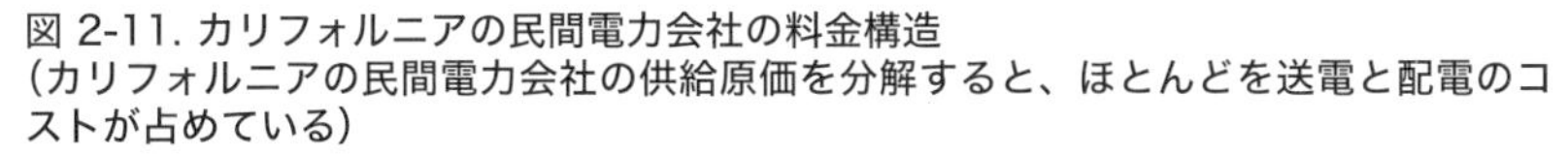
図 2-11. カリフォルニアの民間電力会社の料金構造
(カリフォルニアの民間電力会社の供給原価を分解すると、ほとんどを送電と配電のコストが占めている)

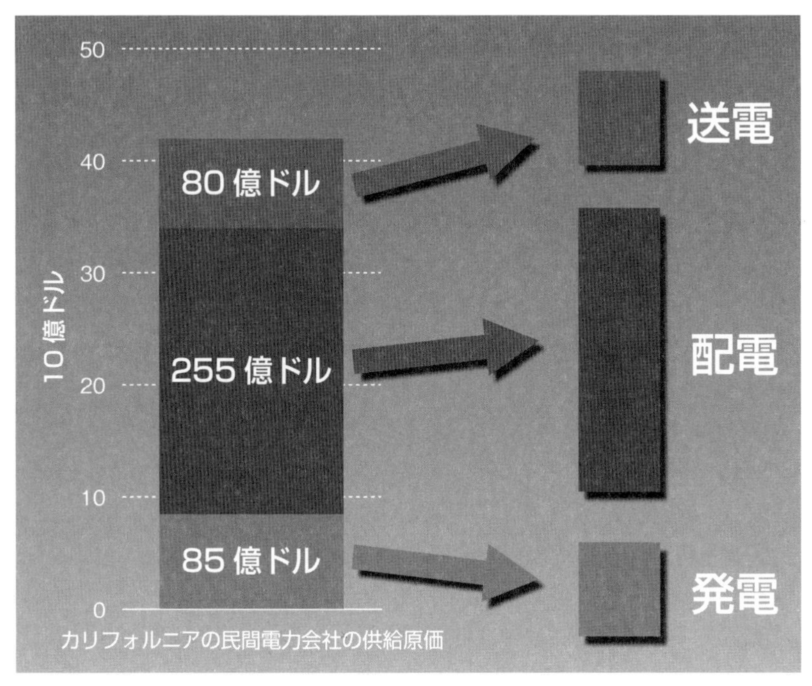

トでは、送電と配電にかかる固定費が、電力にかかる固定費をはるかに上回っている。民間電力会社はこれらのコストを全て、現在の、規制に基づく料金体系で回収しなくてはならないという課題を抱えている。

需要家は太陽光パネルや蓄電池を設置することで、送配電にかかるコストの支払いを回避することができる。需要家は電力システムから「オフグリッド」することができるのである。このように自己完結する需要家が電力システムを離脱していくと、配電にかかる固定費はより少ない需要家に割り振られることが普通であり、需要家あたりの支払い額は増える。するとより多くの需要家にとって電力システムを離れるという選択肢が魅力的になり、「デス・スパイラル」と呼ばれる減少が生じる（図 2-12 参照）。

図 2-12. デス・スパイラル
（収益性のある消費者が電力システムを離脱するとき「デス・スパイラル」が発生する）

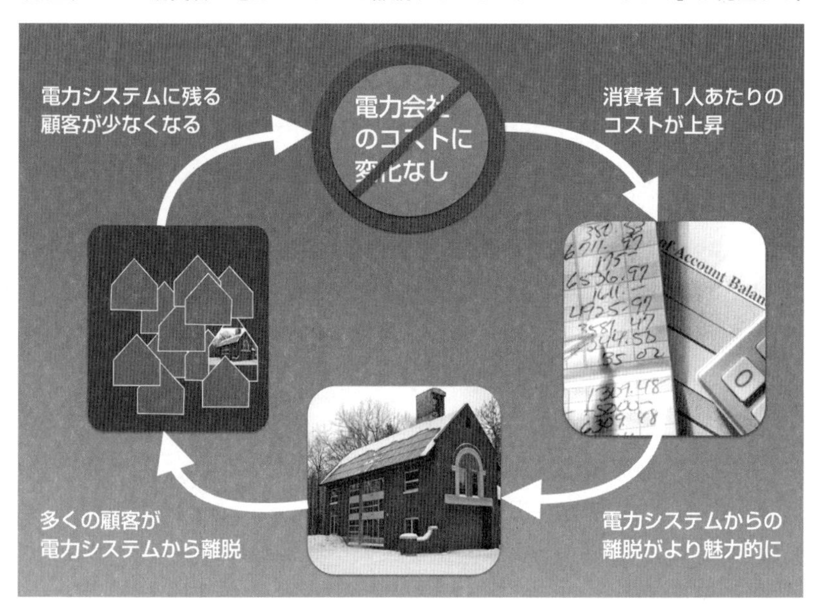

TE モデルは民間電力会社にデススパイラルを緩和する手段を提供する。TE モデルでは、民間電力会社から需要家に、輸送に関して何年にもわたる長期の先渡し定量契約（毎月支払い）を提供することができる。これにより民間電力会社は需要家全体から公平にコストを回収する手段を得る。一方で太陽光パネルや蓄電池を設置する需要家は、自分たちの需要に応じて輸送の契約を売買することが可能である。

完全に電力システムから離脱するプレーヤーは、既に結んでいた定量契約を他のプレーヤーに販売することができる（おそらく、新たに電気自動車を所有するようになって、より多くの輸送容量を必要とするプレーヤーが多数出現する可能性がある）。電力システムからいったん離脱した人々が、後に改めて接続しようとする場合は、新たに輸送の定量契約を購入することができる。ただしその場合は、新たに契約する時点での価格が適用されることとなり、以前に電力システムを離脱した際に売却した契約よりも高い価格となる可能性もある。

輸送についての定量契約を減らし、自家発電を行うようになった需要家も、電力システムに対するアクセスは可能である。しかし、輸送価格が高いタイミングで電力システムを利用しようとすれば、コストが高くつく可能性がある。輸送や電力に関するスポット入札の価格は、成熟したTEシステムでは変動が非常に大きくなると予想される。需要家は、電力や輸送のほとんどを長期の定量契約を利用して売買することで、電気料金の大きな変動から守られる。こうした需要家は、わずかな調整を行うためだけにスポット取引を利用する。

電力システムの管理

TEモデルでは、送配電網を通じて輸送を行う運用者が、電力システムの信頼度を維持する運用に責任を持ち続ける。系統運用者は、電力システムの状態を計測し、監視するとともに、潮流の変化に伴う機器やスイッチの管理を行う必要がある。系統運用者は、混雑や過負荷を監視できるように機器や通信を維持管理することになる。

まだしばらくは、大規模発電所はISOや地域系統運用機関（RTO）、垂直統合型の電力会社によって集中管理される状態が続くことになる。生産者と需要家のEMSは過負荷を防ぐためにスポット取引を行うことになる。

輸送の運用者は、信頼度を維持しながら供給が可能な定量契約のポートフォリオのみを入札することとなる。既に契約済みの定量契約を確実に履行できそうにないときは、信頼度を回復するためにスポット契約や長期の定量契約を売買することになる。

本節のまとめ

輸送と電力を2つの別々な商品とすることで、TEモデルを通じて電力と同じように、輸送に関しても投資や運用に関する意志決定を調整することが可能となる。先渡しの定量契約は、輸送に関する投資を調整しリスク管理を行うために用いられる。スポット取引は、送配電網の運用を調整するために用いられる。

需要家に伝えられる合計の価格は、電力の取引価格と輸送の取引価格の合計となる。あらゆる規模の需要家と生産者が同じTEプラットフォーム上で取引を行い、どの電力供給と輸送の組み合わせが最適となるかを模索する。TEモデルと自動化によって、非常に複雑な受け渡しは単純化される。

こうした輸送の扱い方によって、エネルギー貯蔵設備やDERの効率的な立地が可能になる。需要家に近いところに設置される機器によって、安価な輸送価格の便益が実現される。TEモデルが存在すると、収益性がありかつ効率的である限り、エネルギー貯蔵設備やDERが導入されていくことになる。何が「最適」かを定める必要はなくなるのである。

第3章

3本の柱：
システム、接続、プロトコル

取引可能な電力（TE）は、我々が電気事業を行う過程での進化形態である。そのビジネスモデルが機能するためには、システム、接続、プロトコルの3つのものを必要とする。そして、取引システム、物理システム、規制システムから成る3つのシステムが、TEビジネスモデルを支える。その3つのシステムが機能するためには、接続とプロトコルが必要となる。ムーアの法則とインターネットは、十分過ぎる接続を提供してきたし、また標準的なTEプロトコルが定義され、導入されている。この章では、これら3本の柱について説明する。

3.1 TEシステム

本節の概要

1. TEビジネスモデルには3つのシステムが含まれている。
   - 物理システム
   - 取引システム
   - 規制システム
2. 物理システムには、発電・貯蔵・送電・配電とともに、暖房やエアコンのように電力を使用する機器が含まれている。
3. 取引システムには取引所、市場設計、裁定取引、ヘッジ、そして金融サ

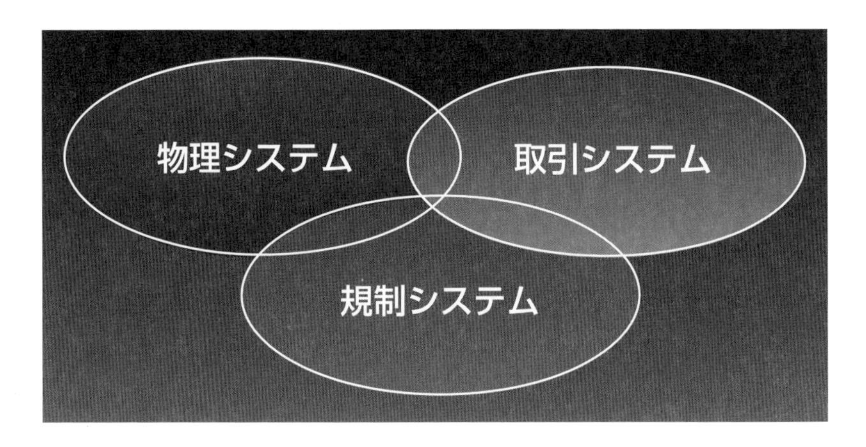

ービスが含まれている。

4. 規制システムは経済的虐待、規則違反から保護し、安全性と信頼度を監視する。

TE ビジネスモデルは、物理システム、規制システム、取引システムという３つの異なるシステムから構成されている。ほとんどの人にとって、発電機・貯蔵・送電網・電柱から成る電力、そして暖房やエアコンのような電力を使用する機器を意味する物理システムは身近なものである。

その物理システムは、より分散化された発電と貯蔵、そして変動性再生可能エネルギー電源（VRE）によって急速に進化している点を除けば、現在の TE モデルにおけるものと同じである。

需要家が部屋の電気のスイッチを動かして電気をつける際には、その系統内のいかなる線路にも過負荷があってはならない。つまり、電力品質（電圧および周波数）や通常の系統信頼度は維持される必要があり、また災害に対応できる状態になっていなければならない。

何百万人の需要家と何千もの電源を抱える系統運用は、一見すると克服しがたい課題を抱えていると思われる可能性がある。これはチャレンジングな課題である。それにもかかわらず、系統は驚くべきパフォーマンスで運用されている。米国では、信頼できる電力サービスは、我々の生活にとって現実的なものだとみなされている。米国の電力系統はめったに停電しないが、自然災害や人的災害によって停電が発生した場合、その結末は甚大なものになり得る。

TEモデルの規制システムの機能は、現在のものと同じである。電気は、我々の社会組織、経済構造、そして環境組織にとって重要なものであり、それ故に連邦政府と州政府がそれらの計画立案や運用において重要な役割を果たしている。規制機関の役割は、経済力の乱用なしに確実にルールを遵守させ、更には、電力系統の安全性と信頼度を監視することである。

本書で説明が必要なのは取引システムについてである。取引システムは、投資および機器の運転を調整するために、先物・スポット入札および取引を用いる。この商業契約のシステムは、法的に決められたスポット価格のシステムを、小売りおよび事業用需要家向けに置き換えるものである。

取引システム

取引システムは、需要家、生産者、プロシューマー、エネルギー貯蔵設備の所有者から成るエネルギーサービス組織から始まる。それらは、送電網所有者と配電網所有者といった輸送サービス組織によって補完される。

系統運用者は仲介業者である（図3-1を参照）。エネルギーサービス提供者および輸送サービス提供者は、TEプラットフォーム供給者によって提供されるプラットフォーム上で、系統運用者および他の仲介業者に結び付けられる（図3-1を参照）。仲介業者には、取引所、市場運用者、小売り業者が含まれ、裁定取引、ヘッジ、市場設計、金融サービスを提供している。

そのTEプラットフォームは買い手と売り手を結び付ける。TEプラットフォームは、関係者が買い入札・売り入札を創造する場所であり、その入札は、他の関係者に利用され、取引を創造するようになっている。それらは、第2章で紹介した「スタッブハブ」のサービス、すなわちスポーツイベントやコンサート、劇場のチケットを提供するのと同じサービスを提

図 3-1. 取引システム

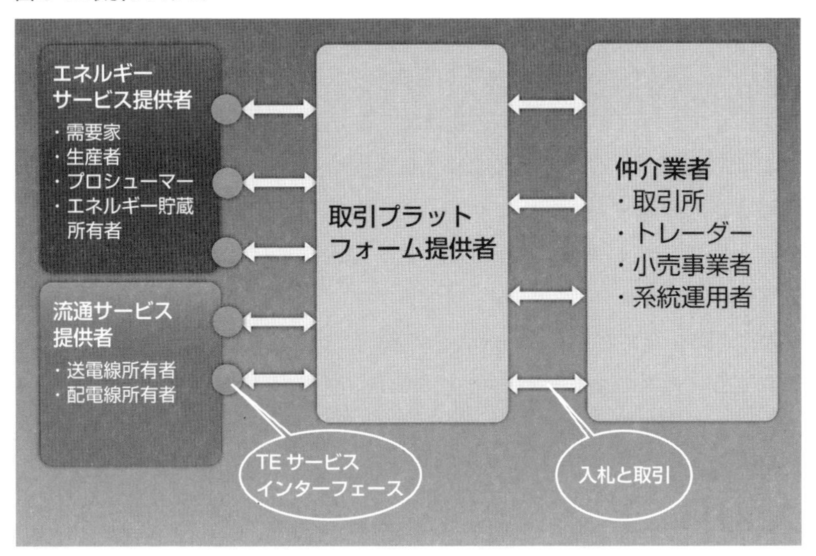

供する。

電子商取引は、取引プラットフォームと取引所に革命をもたらした。かつて取引所は、美しい建築物のひとつであるミネアポリスグレイン取引所のような建築物だった。しかし、現在の取引所はそれとは非常に異なり、クラウドまたはリモートネットワークサーバーにあるソフトウェア・アプリケーション（アプリ）になっており、それらは一連のアルゴリズムを使用して半自動的に動作する。人間はこれらのアプリを設計、実装、監視する。

「スタッブハブ」は、取引プラットフォームと取引所がどのように進化したかを示す良い例である。 そのサービスは2000年に開始された。これはインターネットと洗練されたデータベース管理システムによって実現可能となっている。買い手にとって、そのシステムに対して、何を、いつ、どこで欲しいのかを伝えるのは簡単である。一般的に、彼らは「スタッブハブ」に対して、どこの座席がよいか、そしてまた何に支払う意思があるのかを伝える。売り手は取引所に対して、何を持っていて、いくらで売りたいのかを伝える。「スタッブハブ」ソフトウェアのアルゴリズムは、入札を記録し、成立する取引を見つけるために買い手と売り手の相互に作用する。

また「スタッブハブ」は、通常は第三者を通じて、買い手から売り手への送金を管理する。通常は第三者である誰かが、買い手が支払うことができることを保証する。「スタッブハブ」では、これはペイパルやVISAカード、マスターカードといった金融サービス会社のネットワークによって管理されている。

TEプラットフォームも同じように動作する。TEプラットフォームは、需要家と生産者が入札を行う場所である。取引所は、TEプラットフォームにリンクされるが、同プラットフォームは、系統全体に配置された生産者または需要家のエネルギーマネジメントシステム（EMS）とリンクしている。

TEプラットフォームは、仲介業者が独自のニーズを持つ買い手と売り手がつながる場も提供する（表3-1を参照）。仲介業者は、TEプラットフォームを通じて需要家と取引所とを接続する。また、仲介業者は、各プレーヤーが頻繁に先渡し入札を受けることができるより流動的な市場を支援することによって、小規模の買い手や売り手の取引を手助けしたりする。さらに仲介業者は、他者が引き受けたくないリスクを引き受ける上で重要な役割を果たしている。例えば、ある仲介業者が長期的な先渡しポジションを買い、これらのポジションを受け渡しの時間により近いところで売ることが考えられる。

電力と輸送の両方がプラットフォームで取引されている。これは、カリフォルニア州における卸売り電力市場とほぼ同じようなものである。その先渡し取引プラットフォームは、相対契約によって、インターコンチネンタル取引所（ICE）のようなサービスを提供している。またスポット取引は、カリフォルニア独立送電系統運用機関（CAISO）プラットフォームにおいて行われている。

表 3-1. TE モデルの活動内容

TE の場所と活動	機　　能
TE プラットフォーム	売り手と買い手が取引を形成するために入札を出し受けする場所
取引	売り手と買い手の匿名のマッチングを促進する
マーケットメイク（市場形成）	市場に流動性を提供する
クリアリング（清算）	取引と決済の間の活動（信用取引と担保の管理・報告と監視・税務処理・障害処理を含む）
裁定取引	異なる２地点での電力価格差と、２地点間の輸送価格を縮小する
ヘッジ	リスクマネジメント：不確実性のある将来のスポット取引価格の代わりに先渡取引が利用される

マーケットメーカー（値付け業者）：マーケットメーカーは、市場に流動性を提供するという重要な役割を果たしている。典型的には、価格スプレッド（売買価格の差）の小さい、比較的小口の先渡しの売り買い入札を行うと考えられる。その入札は短期間のうちに終了するが、その間にマーケットメーカーは、相手方の売り入札よりも大量の買い入札を受け入れるリスクを引き受ける（逆も同様）。このとき、マーケットメーカーは、ネットポジティブポジション、またはネットネガティブポジションを有したまま残される。そのネットポジティブポジションを減少させるために、次の売り買い入札の価格を下げるまたはネットネガティブポジションの場合には価格を上げる。この反復過程により、市場は均衡に向かう。マーケットメーカーは通常、これら価格調整のためにアルゴリズムを使用することになる。

マーケットメーカーは、流動性を市場に提供し、取引コストを削減し、取引を促進させるが、価格差からの収入によって補償される。マーケットメーカーは生産者でも需要家でもなく、彼ら自身の利益のために投機をすることは許されるべきではない。マーケットメーカーは、他のプレーヤーから独立して行動し、自己の利益のためや他者の利益のために市場を操作しないように、認可され、規制されることが望ましい。

ナスダック（Nasdaq）は、マーケットメーカー（値付け業者）を提供するプラットフォームの代表的な例である。ナスダックのマーケットメーカーとして行動する会員企業は500社を超え、彼らは資産として買いと売りの両方の入札に積極的に値段をつけ、効率的な金融市場の運営に寄与している。

清算およびその他の金融サービス：銀行業と金融では、清算は取引が開始されたときから決済されるまで（電力が供給されてから支払いが終わるまで）の全ての活動を意味する。支払いの清算には、支払いの約定（例えば、小切手や電子決済要求の形で）が、ある銀行から別の銀行への実際の資金移動に移る必要がある（ウィキペディアの“Clearing”の項を参照）。

電気エネルギーのような市場では、基本的な取引を完了するための時間よりも売り買いの速度がずっと速いので、清算が必要となる。清算には、取引前の信用リスクだけでなく、取引後の管理も含まれる。それは、たとえ買い手または売り手が決済前に支払い不能になった場合でも、市場の規則に従って取引決済が保証される必要があるからである。清算に含まれる過程には、報告／監視、単一ポジションに対する取引のネッティング、税務処理、障害処理が含まれる。

裁定取引：経済や金融の分野では、裁定取引とは、2つ以上の市場における同一商品の価格差を利用する行為である。このように裁定取引をする者は、その差額の利用に対応するような取引の組み合わせを取り決める。市場価格の間に存在する差が、裁定取引の利益となる。裁定取引は、取引コストのかからないリスクのない取引を提供すると同時に、市場がより効率的な均衡に達するのを助けているのである。

ヘッジ：リスクを管理するための戦略。簡単にいえば、個人または組織が実際に受ける損失ないし利得を減らすために使用される。人々が自動車

図 3-2. 小売プラットフォーム

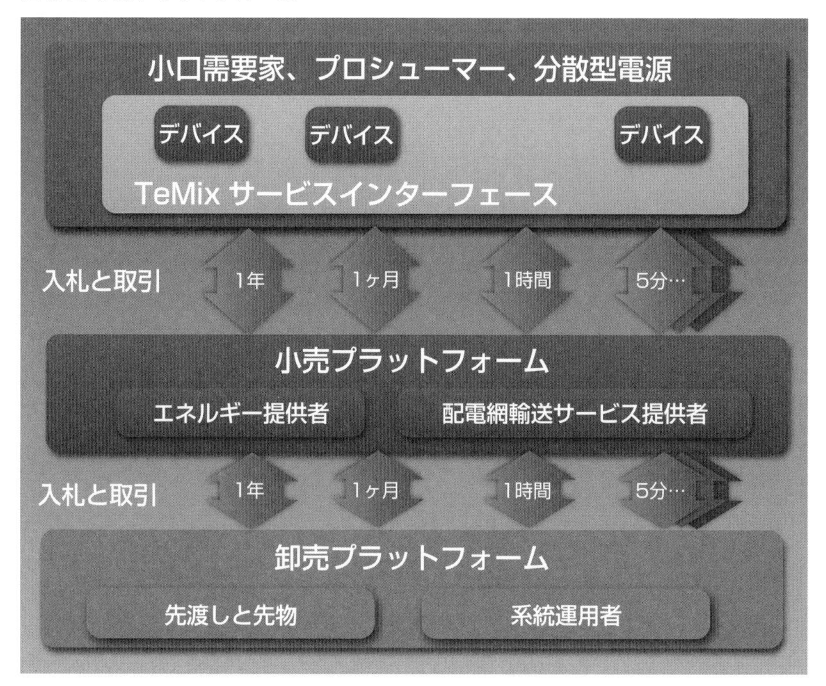

保険を購入するとき、ヘッジしているといえる。人々は、事故の際に自分の車を完全に失うリスクを避けるために、保険プレミアムを支払っている。TE システムにおいて小売り顧客は、先渡し取引を行うことで、高い価格の支払いをヘッジすることができる。

ひとたび TE システムが設置されれば、起業家による取引システムをより使いやすく、より効率的で、より信頼度の高いものにしてほしいというニーズに対して、容易に応えることができるようになる。「スタッブハブ」は、このことがどのようにして起こるのかという良い例を提供している。

今日、カリフォルニア州の卸売り市場は一般的に TE モデルに従っており、買い手および売り手は長期的な先渡し取引に参入している。CAISO は、1時間および5分のブロックで取引を行うスポット市場を運用しており、そこでは電力と送電が別々に取引されている。

現行の独立系統運用機関（ISO）市場の限界の1つは、他のプレーヤーが提示した入札を受け入れるだけであり、小売り顧客のような他のプレーヤーが取引として受け入れることができる先渡し入札を提示できないことである。ISO市場は将来発展して、これを機能的に提供することができるようになるだろう。

TEモデルには、地元の小売りプラットフォームや地域の卸売りプラットフォームのような、複数のプラットフォームが実装されることになる（図3-2参照）。全てのレベルで、電力および輸送サービスの提供者がいることになる。

物理システム

物理システムは電力線、変圧器、開閉器、発電機、エネルギー貯蔵設備、電力を使用する機器、および関連した自動・手動の制御システムから構成されており、誰かがそれぞれを運用する必要がある。では、電力線、開閉器、変圧器に責任があるのは誰だろうか？　また、送電線が過負荷とならないようにするのは誰で、竜巻の後に電力システムを元に戻すのは誰なのだろうか？

カリフォルニア州には、送電運用者と配電運用者が存在するが、これらは、一般に民間電力会社、自治体電力公社、政府関係機関が送配電設備を所有し、設備や機器を運用している。発電事業者や需要家は、それぞれが自身の機器を運用している。発電機と送電網の運用は、CAISOによって調整されている。

またCAISOは、準TE方式でスポット市場を運用している。1時間単位の前日市場と5分単位のリアルタイムの入札を受け取り、また物理的な送電制限、輸送損失、信頼度の制約を重視する。同時に市場をクリアリング（清算）するオークションのプロセスで、買い手と売り手とをマッチン

図 3-3. 総需要における再エネの影響（ CAISO ）

残余需要曲線には需要と供給における変動性が描かれており、ISO は電力システムの信頼度を維持するために需給調整に取り組まなければならない。残余需要は、ISO の電力システムに直接繋がっている風力や太陽光といった変動性電源による出力を、実需要から差し引いて算出する。
変動性電源の量がより高い水準になると、ISO は、運転の起動・停止が迅速にでき、一定期間出力を維持できる技術的柔軟性をより必要とする運用をするようになる。その結果、常に需給のマッチングが可能となる。

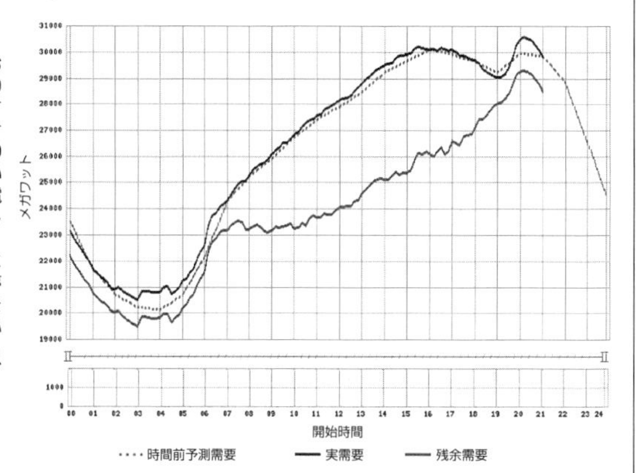

グさせ、3,000 カ所以上の地点における前日の、1 時間単位と 5 分間の地点価格を提示する。

CAISO には、有益なウェブサイトがある（図 3-3 および CAISO ウェブサイト参照）。そこでは、風力・太陽光・その他の再生可能エネルギーの 1 時間毎の出力および地点価格を見ることができる。

ISO や地域系統運用機関（RTO）は、図 3-4 に示すように、米国とカナダの多くの地域に広がっている（図 3-4 を参照）。ISO と RTO は本質的には同じ種類の組織であるが、RTO はより強い地域的計画責任を有する。

図 3-2 に示すように、ISO は、TE システム内の小売りエネルギー提供者と、相互に作用する。小売りエネルギー提供者のインターフェースは、エネルギーおよびアンシラリーサービス商品、プロセスおよび決済システムの複雑さのために、今のところ必要とされている。小売りエネルギー提供者は、図 3-2 に示すように、小口需要家、プロシューマーおよび分散型電源提供者の TE サービスインターフェースに対して入札を行う。究極的には、1 つの完全な TE の実施により、卸売りプレーヤーと小売りプレーヤーとが直接に取引を行う。また、地点間の輸送も取引されることになる。

図 3-4. 北米における ISO の分布

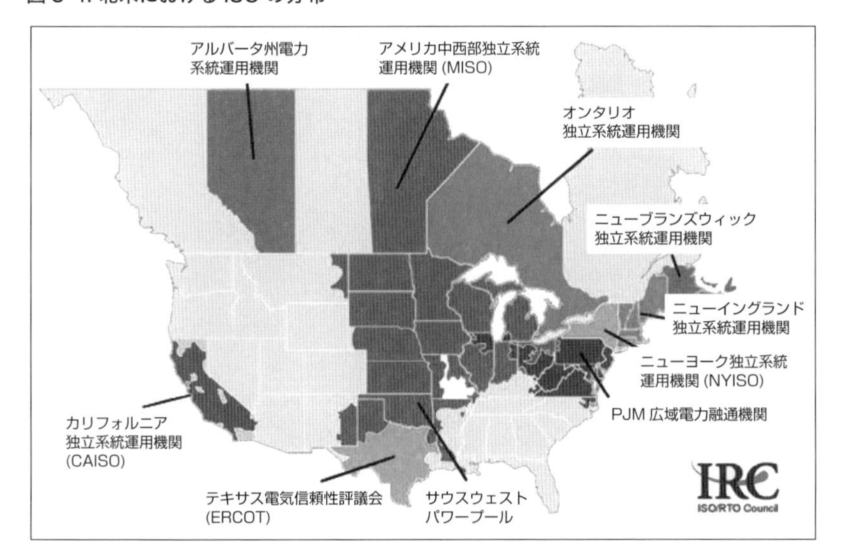

エネルギー管理アルゴリズム、TE サービスインターフェース、そして物理的な機器とシステムとの間の関係を図 3-5 に示す。エネルギー管理システムと TE インターフェースはサーモスタット（自動温度調節器)、家庭用コンピューターのような機器またはクラウドの中に設置される。機器には、エアコン、電気自動車そして太陽光パネルのような分散型電源が含まれる。

需要家の機器は、ISO によってではなく、需要家のエネルギー管理アルゴリズムによって制御される。ISO は、TE プラットフォームを通じて、需要家の取引に関する情報を取得する。

エネルギーマネジメントシステム（EMS）はインターネットに接続されることから、建物管理に関する天候やその他の情報をモニターすることができる。ネストラボ社の学習型サーモスタットは、住居内の暖房および冷房機器を制御しているが、単純だが洗練された EMS 機器の一例である。入札、気象予測やその他のデータを手に入れるために、TE にとり必要と

図 3-5. TE サービスインターフェース
(TE ネットワークでは、すべてのプレーヤーが管理アルゴリズム・機器・取引プラットフォームの間で情報のやり取りをする TE サービスインターフェースを持つ)

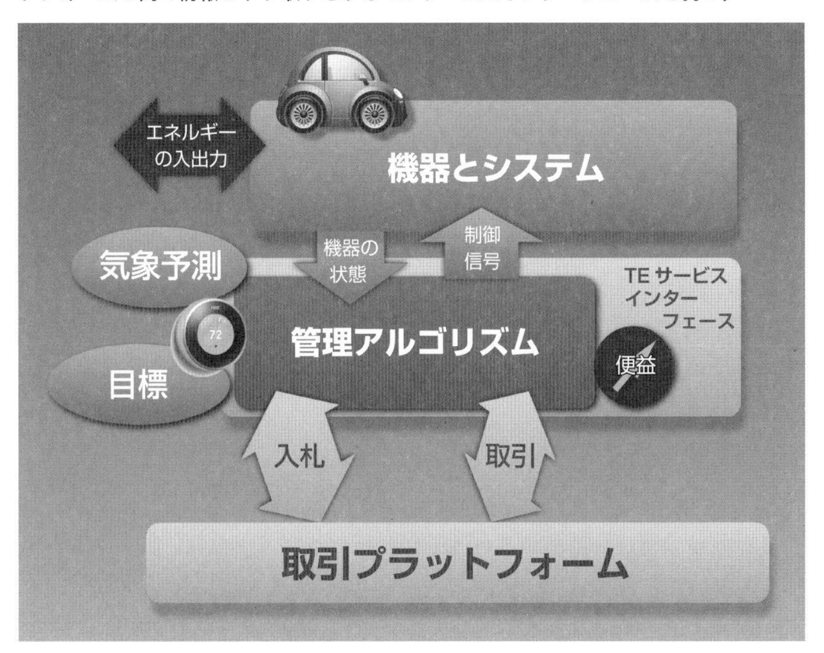

なる全ての論理回路と通信機能は、ネスト・サーモスタットのようなインターネットに接続された機器に含めることができる。

エネルギーの受け渡しは依然として、短い間隔で機器に入出力されるエネルギーを測るインターバルメーターによって測定される。例えば、その間隔は、顧客または生産者の電力システムの大きさに依存して、1時間、15分、5分または4秒となる。インターバルメーター(「スマートメーター」と呼ばれることもある) は、メーターが読み取った値を TE サービスインターフェースに伝達することになる。

TE モデルは、需要家、プロシューマー、そして生産者の規模や運用の精度に依存するが、現行の物理システムをほとんど変更することなく実施することができる。TE は、情報通信技術 (ICT) への投資をいくばくか必要とする。送配電運用者は、電力システムの全ての電圧階級に設置されたセンサーを基に、現時点の潮流および先渡し取引に関する情報へアクセスできるようになる。エネルギーと輸送のための先渡し取引によって、設備計画を立て問題を予想するという仕事がよりやりやすくなる。

規制システム

規制機関は、国家安全保障、公衆安全、環境衛生の保護、そして財政的保障の維持において、常に役割を果たすものとなる。電力は、我々の生活様式と我々の幸福（well-being）にとって不可欠である。

TE モデルによって、価格設定の監視といった経済規制機関の負担が大幅に軽減される。全ての需要家に適用される唯一の料金がある。全ての人々にとっての「価格」は、先渡しとスポットの取引プロセスによって見出される。そのシステムは本質的に公正で透明である。

規則違反や経済的虐待から保護するためには、常に何かしらの監視が必要となる。これは、株式市場や商品市場のような市場の全てにおいて正しい。特に大規模市場参加者のポジションは、厳密に監視される必要がある。

電力産業はこれまでも長い間、環境規制の中心となっており、大気排出物、水利用や汚染に関しては引き続き規制が続くことになる。炭素排出といった外部性の価格設定は、TE により促進されることになる。炭素税を先渡し取引やスポット取引のプロセスに統合することは、比較的簡単である。公共の規制機関もまた、発電所、送電網そして配電網の立地に引き続き関与することになる。

本節のまとめ

TE モデルによって、電力経済システムに新たなシステムが追加される。そのシステムの中心は、プレーヤーが集まり、取引を調整する TE プラットフォームである。

物理システムは変化しないまま存続する。エネルギーサービス提供者や輸送サービス提供者は、TE インターフェースを通じて TE プラットフォームに接続する。

また、取引所やマーケットメーカーのようなさまざまな仲介業者が、市場サービスを提供するために出現する。これらは、ほとんどの商業市場において利用可能なサービスであり、それを直接適応するものである。イベントチケット市場の仲介業者「スタッブハブ」は、その一例である。同社は、14 年前に設立され、現在も普及している。

規制システムは、規則違反や経済的虐待から保護するため、市場の監視を引き続き行うこととなる。規制機関の需要家の技術的意思決定に対する関与は、減少することとなる。

3.2　接続

本節の概要

1. インターネットにより、すべてのプレーヤーが TE に参加することが可能となる。
2. Wi-Fi により、EMS が機器を監視し制御することができるようになる。
3. スマート家電とスマートホームは TE に適している。
4. スマートメーターにより、TE プラットフォームは実供給を確認し、請求することが可能となる。

今日ではインターネットは高速で、普遍的で、そしてワイヤレスとなっており、TE に求められる接続の技術に適したものとなっている。

インターネットは米国の一般家庭とビジネスを結びつけてきた。インターネットにより、TE プラットフォームに接続している全ての組織間の、

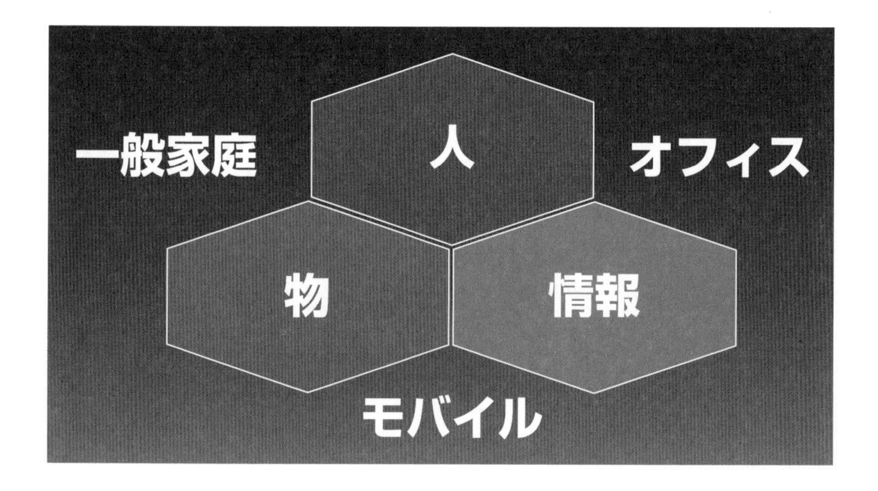

双方向の通信が可能となっている。また、天気や緊急時の警告といった、インターネット上で入手可能な情報に、全ての機器からアクセスできるようになっている。

また、ローカルエリアの無線技術やWi-Fiによって、家の中に居ながら機器間で通信をすることができるようになっている。「スマート」ホームのビジョンが現実のものとなってきているのだ。人々とデータそして物は、オフィスでも家でも道の上でもつながっている。

スマートメーター

ほとんどの先進国において、スマートメーターは、2020年までに100%普及すると期待されているが、米国ではそれはほぼ達成されている（図3-6を参照）。通常電力スマートメーターは、次のような機能をもっている。すなわち、1時間以内の間隔で電気エネルギーの消費を記録し、その情報を、監視と請求を行う目的で最低でも一日に一回は電力会社に返信する機能である。

通信はスマートメーターにとって課題である。メーターが設置される多

図 3-6. 米国におけるスマートメーターの導入率（2014）

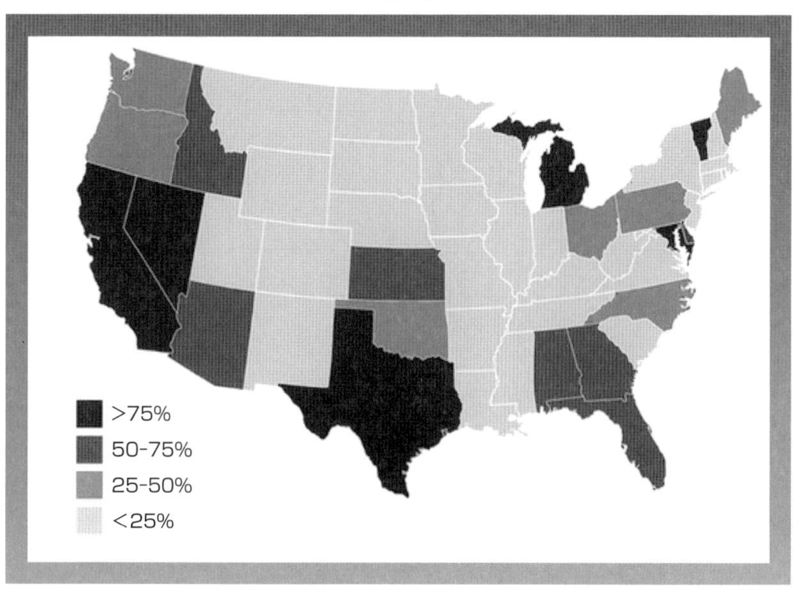

出所：GreenTechGrid Reserach

様な環境とロケーションを考慮すると、通信線問題の解決は難しいと思われることもある。解決策として、以下のような通信手段の使用がある。携帯電話やポケットベルのネットワーク、衛星、認可された無線、認可された無線と認可されていない無線の組み合わせ、電力線の使用である。通信目的で使用される媒体とネットワークの種類の双方が重要となる。これらには固定されたワイヤレス、メッシュ型ネットワーク、またはその２つの組み合わせが含まれている。また、Wi-Fi やその他インターネットに関連するネットワークの使用を含め、潜在的なネットワーク構成の可能性が他にもいくつかある。今日までに、全てのアプリケーションにとって最適な唯一の解決策はないように見える。田舎の電力会社は、都市の電力会社とは異なった通信の問題を抱えている。山岳地帯や無線やインターネット環境のない地域を含め、困難な場所にある電力会社の抱える課題も大きい。

図 3-7. 一般家庭のコンピューターとインターネット普及率

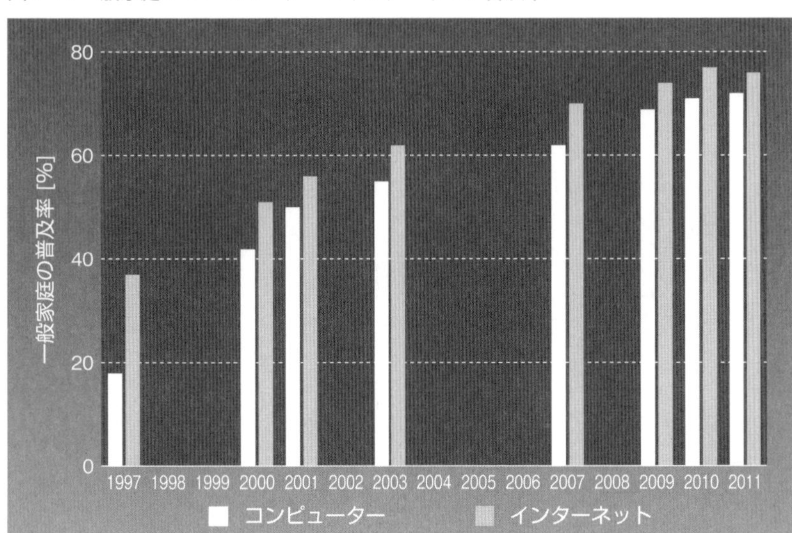

出所：U. S. Consus Bureau, Current Population Survey, selected years

インターネットへの接続

TE モデルは、TE インターフェースと EMS を介して TE プラットフォームを全てのプレーヤーと接続するために、インターネット通信を利用する。EMS は、家庭内の 1 つの機器にでも、単にクラウドで操作するアプリケーションの 1 つにでもなり得る。

スマートメーターを持つ家庭よりも、インターネットへのアクセスを持つ家庭の方が多い。インターネットはブロードバンドであり、膨大な量のデータを多くのプレーヤー間でやりとりすることができる。 これはイノベーションのための新たな機会をもたらす（図 3-7 を参照）。iPhone から遠隔操作できるサーモスタットは、我々にとって既に身近なものである。この場合サーモスタットは、インターネットを介して電力システム上のスポット価格にアクセスできるだけでなく、天気予報や住宅所有者の位置にさえアクセス可能である。

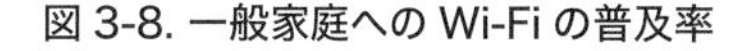
図 3-8. 一般家庭への Wi-Fi の普及率

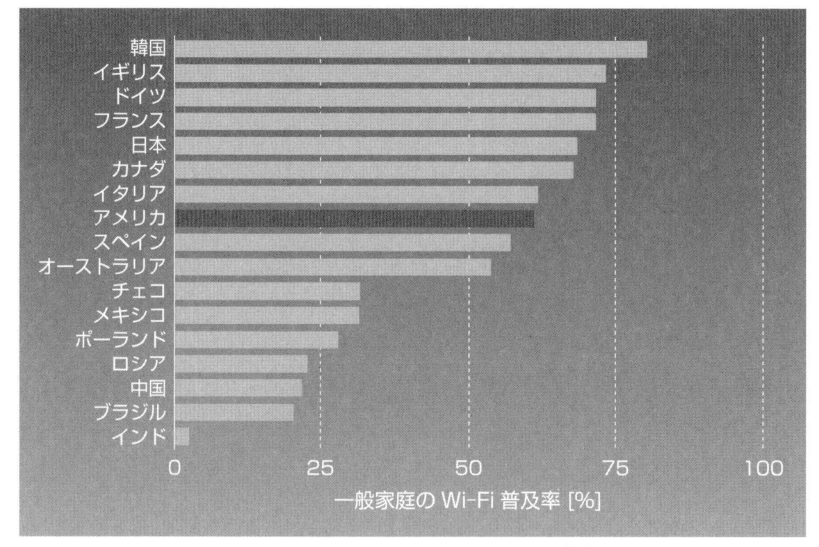

出所：report by Strategy Analytics

電気自動車のような個別の機器もまた、TE プラットフォームに直接アクセスすることができる。自動車メーカーは、電気自動車に EMS ロジックを組み込むことになるが、その日が既に来ている可能性がある。その EMS ロジックは、現在のスポット価格と予測されたスポット価格で蓄電池の充放電を調整することになる。所有者の休暇中に、ガレージにいながら電力システム上でエネルギーを売買している電気自動車を想像してみてほしい。

ワイヤレス（Wi-Fi）

Wi-Fi によって、TE プラットフォームから EMS、そしてスマート家電へのリンクが完成する。ストラテジー・アナリティクス社の報告書によると、2012 年における米国の一般家庭での Wi-Fi の使用率は、約 60％であった（図 3-8 を参照）。これは米国が世界第 8 位であり、韓国のはるかに後ろに位置することを示している。韓国における一般家庭内での Wi-Fi 使用率は 80％以上となっている。米国での Wi-Fi 使用率は 2020 年までに 100％に近づくと推測されている。

スマート家電

Wi-Fi 機能を備えた家電が利用可能になっている。スマートな衣類乾燥機は、電力価格が高いときに自ら電源をオフにする（または EMS で電源をオフにすることもできる）。GE 社の GeoSpring Hybrid のようなスマート給湯器は、加熱する時だけでなく加熱する方法も調整する。それらは、高効率なヒートポンプや電熱器を利用して水を加熱することができる。そのコントロール戦略の目的は、最も低いコストでユーザーの快適性を維持することである（GeoSpring を紹介する YouTube の素晴らしい動画を参照）。給湯器を制御することもできる。これらの機器は、家の中やウェブ上で、ワイヤレスで通信する機能を含めた最先端の技術を競い合っている。

スマート家電の製造業者は家電だけでなく家電のユーザーとも直接に通信することにより、巨大な経済的好機を見出す。リモート診断やファームウェアのアップグレードといったサービスは、ユーザーの介入なしに行うことができる。

メーカーは、無線技術と高度なマイクロコントローラーの 2 つの主要ビルディングブロックを製品に統合することで、ワイヤレス対応のスマート家電を、市場にすばやく投入することができる。

本節のまとめ

今日では一般家庭は、「スマート」になるために必要なもの全てを装備することができる（図 3-9 を参照）。我々はスマートメーター、エネルギ

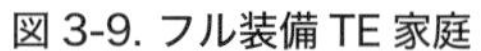
図 3-9. フル装備 TE 家庭

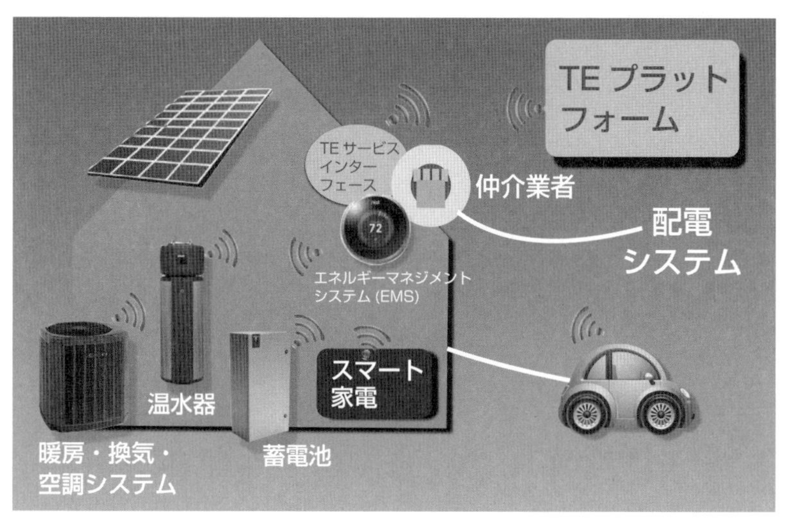

ーマネジメントシステム、Wi-Fi、そしてスマート家電を既に持っており、これらのデバイスは、家と外の世界との間をインターネット接続を介してリンクしている。

加えて、商業ビルや工場は TE に適応する準備ができている。我々は電力経済システム全体にわたって、TE モデルを適用するのに必要な全ての接続を有している。2020 年までに、TE プラットフォームとあらゆる機器との間のインターネットの接続は事実上完了する、と推測される。

接続は、エネルギーシステムの遠隔監視と制御を可能にし、情報に基づいた長期的および短期的な意思決定を可能にする。生産者と需要家も直接取引することができる。

スマートメーターはそのまま存続していく。導入されていない場所では、ワイヤレスおよびインターネットに接続された機器を使用することで、消費量を測定しシステムと通信することができる。

3.3 プロトコル

本節の概要

1. 電気のような大規模かつ高速で普及する市場では、標準化が必要不可欠である。
2. プロトコルは、取引されるものと取引プロセスを定義する。
3. TeMix は TE のために承認済みの標準プロトコルである。
4. TeMix の相互運用と情報モデルは、単純な入札と取引を使用したプレーヤー間の、相互作用のためのプロセスと標準を定義する。

商取引を支える標準とプロトコル

インターネットプロトコル（TCP/IP）は、高速データ転送を支える簡易な標準の一例である。その標準によって、驚くようなグローバルなコミュニケーション、情報アクセスと検索、ソーシャルネットワークと電子商取引が可能となってきた。グーグル、アップル、フェイスブック、アマゾン、リンクトインといった企業は、この標準プロトコルの基盤の上に成り立っている。

金融情報交換（FIX）プロトコルは、毎年何兆ドルが取引されている有価証券取引市場に関する情報を国際的にリアルタイムで交換するために、1992年に開始された電子通信プロトコルである。

TE電力市場情報交換（TeMix）プロトコルは、電力の入札と取引を定義するための標準モデルであり、インターネットプロトコルのような他の標準を使用しながらこれらのメッセージを通信する方法でもある。

いかなる商品市場においても標準化は必要不可欠である。我々はガソリンをガロンまたはバレルを単位に測定し、トウモロコシはブッシェルを単位に測定する。電力量は電力小売りの需要家のためにキロワット時で測定される。

一般的に、量、受け渡し時間、受け渡し地点、そして商品の品質において標準化する必要がある。例えば石油市場では、数バレルの低硫黄原油を今から12か月後にテキサス州ヒューストンのターミナルにて受け渡すといったように、石油の種類と時間・場所を決めて先物取引が実施される。

またプロトコルは、交易が行われるプロセスも定義する。入札、取引および配送は、TEと連携したプロセスである。

誰が電力システムの標準とプロトコルを決めるのか？

いくつかの業界団体が、発電、送電、配電および消費のための標準を確立しており、電力経済システムへの参加者は、これらの標準とプロトコルに従っている。電力市場を監督するグループの一つは、米国国家規格協会（ANSI）である。

ANSIは、米国規格と適合性評価システムの代弁者であり、そのメンバーと構成員に権限を与えることで、世界経済における米国の地位を強化している。同時に、消費者の安全と健康そして環境の保護を保証している。

ANSIは、数千もの規範とガイドラインの作成、公布、および使用を監督している。これらは音響機器や建設機材、乳製品や家畜の生産、エネルギー供給など、ほぼ全ての分野で事業に直接影響を与える。また、標準への適合性を評価する認定プログラムにも積極的に関与している。これらには、ISO 9000（品質）やISO 14000（環境）管理システムのような、世界的に認められている分野横断型のプログラムが含まれている。

構造化情報標準促進協会（OASIS）は、非営利の国際コンソーシアムであり、国際情報社会のためにオープンスタンダードの開発、合意形成および採用を推進している。OASISは、産業界のコンセンサスを促しており、また、セキュリティー、プライバシー、クラウドコンピューティング、コンテンツテクノロジー、ビジネス取引、エネルギー、緊急管理などの分野の世界標準を制定している。OASISのオープンスタンダードにより、コストが削減され、イノベーションが刺激され、世界市場が成長し、技術を自由に選択する権利を保護される可能性が提供される。OASISのメンバーは、公共部門および民間部門の技術的リーダー、ユーザー、そしてインフルエンサーを幅広く代表している。OASISは、100カ国にわたり600以上の組織と個別会員を代表する5,000以上の会員を有している。

OASISによって開発され、ANSIによって承認された標準は、米国国家規格の指定に適したものとなる。「ANSI認定標準開発者の地位は、米国における連邦政府、地方政府、その政府機関および最高度のプロセス保証を求めるその他の団体にとり、特に重要な標準となる。」（https://www.oasis-open.org/news/pr/oasis-receives-ansi-accreditationを参照）。

2009年に、スマートグリッド相互運用性パネル（SGIP）はOASISに、電力システム上の機器とプレーヤー間における価格との相互運用性に関する標準を開発するように求めた。

図 3-10. TeMix プロトコルのフレームワーク

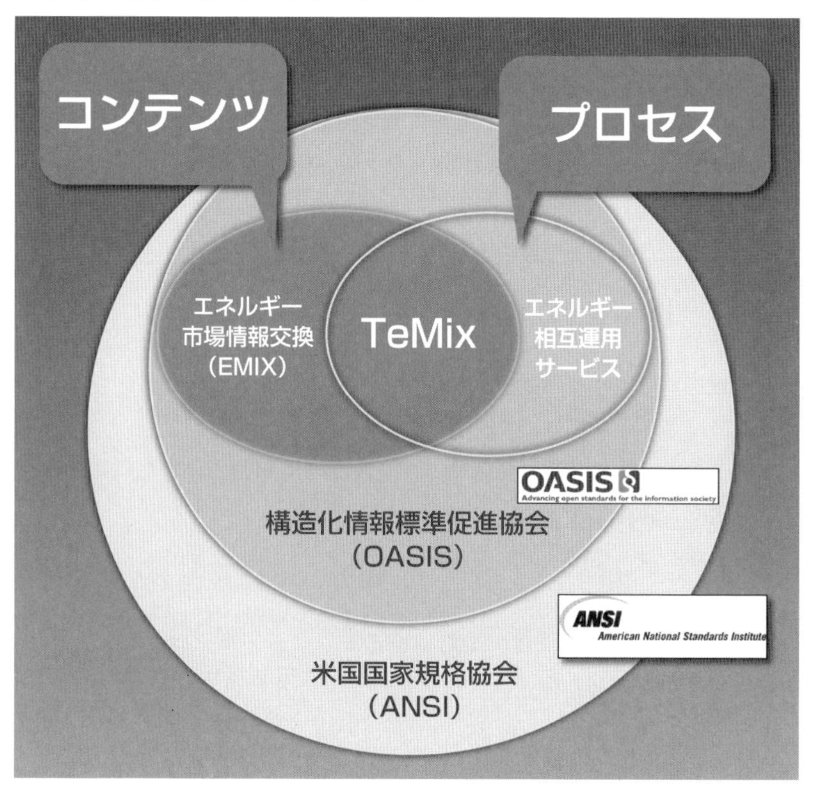

SGIP とは？

SGIP は、2007 年のエネルギー自給安全保障法に従って、アメリカ国立標準技術研究所（NIST）がその責任を果たすのを支援するために設立された。

SGIP と OASIS は、エネルギー相互運用（EI）とエネルギー市場情報交換（EMIX）という２つの標準開発技術委員会を設立した。OASIS と SGIP による広範なレビューと承認プロセスの後、公表されたこれらの標準は、SGIP 標準情報ライブラリの「OASIS シリーズ」の名の下に組み入れられた。

EIおよびEMIX標準の2つのプロファイル（サブセット）は、2つの標準を定めている。1つはオープン自動デマンドレスポンスのプロファイルであり、もう1つはTeMixと呼ばれるTEの自動化のために簡略化されたプロファイルである（図3-10及び“Automated Transactive Energy [TeMix]”を参照）。

TeMixプロトコルの利用

TeMixプロトコルを利用して電力システムに関する取引を行うプレーヤーまたはグループには、以下のものがある。

- エネルギーサービス：発電機、エネルギー貯蔵装置、または需要家機器の所有者。
- 輸送サービス：物理的エネルギー輸送サービスの提供者と需要家。
- 仲介業者：受け渡しを目的としないプレーヤー。

エネルギーを生産、消費、または輸送するプレーヤーは、TeMixプロトコルを使用するTEサービスインターフェースを通じて、TEプラットフォームと相互に作用する。エネルギーおよび輸送サービスは、自身の機器とシステムを直接制御するが、エネルギー入札および取引の通信に関しては、TeMixプロトコルを利用する（図3-11を参照）。仲介業者は、TeMixプロトコルを利用してTEプラットフォームと直接通信する。

TeMixはヒエラルキーを必要としない。規制が許すところでは、どのプレーヤーも他の任意のプレーヤーまたは任意の仲介業者と取引することができる。相互に合意されている場合を除いて、他のプレーヤーに対する支配は伴わない。リスク管理、または信頼度の理由からオプションを取引することも考えられる。

図 3-11. 取引システム

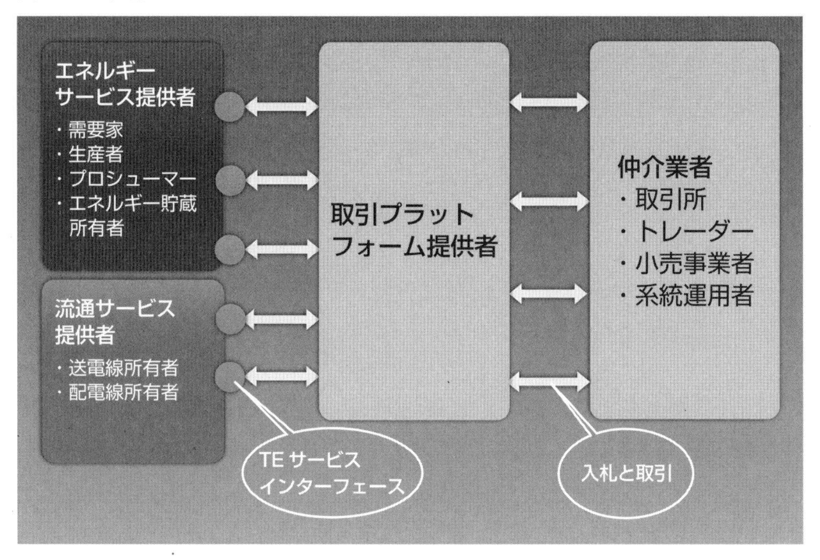

TeMix 商品

TeMix 商品は、EMIX 電力商品のサブセットまたはプロファイルである（図 3-10 を参照）。TeMix 商品は、エネルギーと輸送のブロックに基づいている。エネルギーは、受け渡し間隔にわたって一定の割合（電力レベル）でスケジュールに組み込まれる。各取引は、買い手側に購入する義務を課し、売り手側にエネルギーを受け渡す義務を課している。TeMix 商品の２つとは、エネルギーと輸送である。

電力は光の速度で供給され精密に測定されているため、時間と電力の測定は電力にとって特に重要となる（TE は、必要であれば、実際の電力量取引と無効電力量取引の両者をサポートすることができる）。石油のような他のエネルギー形態は、数日または数カ月かけて輸送され、バレルかタンカーで測定される。

その受け渡し間隔は、開始日時と時間、そして期間によって明示される。

図 3-12. TE プロセス

受け渡し間隔は入れ子になっているため、より短い間隔がより長期の間隔内に収まっている。例えば、暦年は暦月、日、時間、5分、または4秒の間隔に分割されている。

TeMix プロセス

入札は、プレーヤー間でほぼ連続的で非同期性の通信を使用して行われるが、TeMix プロトコルは、分散型の意思決定と調整をサポートする。

TeMix 市場プロセスは、取引の状態によって特徴付けられる。TeMix は、次の5つの取引の状態を使用する。

1)関心の表明：関心の表明は、拘束力がなく、まだ実行されていない。それは、(a) 入札の要求、(b) 需要または供給の予測、または (c) 価格の予測を意味している。価格を伴う関心の表明を、一般に「クォート」という。

2)入札：入札は、満了の日時のある取引の価格と量からなる。入札の立場には、買い手と売り手がある。

3)取引：取引は、入札を受け入れることによって形成される。

4)ポジション：ポジションとは、いくつかの取引の結果である。

5)受け渡し：受け渡しとは、通常複数の取引結果から生じるポジションによって相殺され、測定された受け渡しの量である。

表 3-2. EMIX パワーインターフェースの説明

EMIX パワーインターフェース	説　　明
サービス領域	電力取引に関する地点または領域
末端機器資産	物理的機器（MRID）
メーター資産	物理的機器もしくはメーターの役割を果たす機器 (MRID)
価格設定（Pnode）	参加者が入札し、ISO/RTO が地点価格を公表する地点
集計された価格設定ノード	ゾーンや制御エリア、集合化された発電所や負荷、取引ハブのための特化された価格設定ノード
サービス地点	サービス供給者が代わる地点。 多くのサービス供給ポイントがありうる
サービス供給ポイント	サービス供給者が代わる論理的な地点
輸送インターフェース	輸送セグメントの終端を表す供給地点と受電地点の二種類がある

取引は物理的な地点に関係する

ある時点で、取引の世界は物理的な世界と明確に結び付かなければならない。我々はどこで電気が電力システムに入れられ、または取り出されるのかを明示しなければならない。

それゆえ、エネルギーの取引は、特定の場所や電力システム上の地点で起きなければならない。例えば取引が、ロッキー山脈にあるどこかの送電網の終点、またはシカゴ郊外の変電所でなされるとする。アマゾンで本を注文するのに近いイメージだ。その取引には本が配送される住所があり、本が保管されているアマゾンの倉庫という場所がある。

インターフェースは、末端機器またはノードのいずれかである（表 3-2 を参照）。マスタリソース ID（MRID）は、特定の物理的機器を識別する。ノードとは、発電機の地点あるいは配電線の末端にある変電所の地点のような、物理的な輸送ネットワーク内にある地点を意味する。

EMIXは、MRIDとノード概念に関してより複雑なインターフェースを定義する。例えば、「輸送インターフェース」は、2つのノード（受け渡し地点と受電地点）によって明示されるような送電ネットワークの区分である（表3-2を参照）。

入札と取引の通信

TEの入札と取引は、TeMixプロトコルを利用して通信される。そのプロトコルには2つの部分がある。

1. プレーヤーからTEプラットフォームへの入札および取引を通信する「Webサービス」。
2. Webサービスによって通信される入札または取引のパラメーターを記述する「ペイロード」。

TeMix Webサービスは、新しい入札と取引を作り出し、既存の入札と取引に関する情報を要求するために、ソフトウェア・アプリケーションによって利用される。

OASISのエネルギー相互運用（EI）の標準によって定義される4つの主要なTeMixのWebサービスは、以下のようなものである。

- EiCreate 入札
- EiRequest 入札
- EiCreate 取引
- EiRequest 取引

これらの各サービスは、TeMixの諸要素を含むペイロードを通信する（表3-3を参照）。単位と通貨について記述している追加的な要素は、市場の状況によって通信される。

基本的なTEの通信は、プレーヤーがEiCreate入札を利用して入札を創造し、その入札がEiCreate取引を利用している他のプレーヤーによっ

表 3-3. TeMix が含む諸要素

要　素	説　明
電力商品	エネルギーと輸送
開始日時	インターバルが始まるとき
期　間	インターバルの範囲
価　格	単位エネルギー価格
電 力 量	インターバルの間の電力供給量のレート
立　場	買い手または売り手
終　了	入札の終了時間
EMIX インターフェース	エネルギーに一つのノード輸送に二つのノード

て受け入れられたときに開始される。

デバイスとシステムと入札と取引のインターフェース

全ての物理的機器またはシステムと小売りまたは卸売りの入札および取引との間に、TeMix プロトコルを実施する TE サービスインターフェースがある。その「機器」が 1000 MW の石炭火力発電所であろうと、スマートホームであろうと、または一台の電気自動車であろうと、概念的には問題ではない。(図 3-13 を参照)。

一般に、機器は管理アルゴリズムによって管理されている。一般家庭には、EMS がある。風力発電所には、気象予測やローカルな風況を取得し、その情報を風車ブレードを調節するために利用する洗練されたアルゴリズムがある。エネルギー貯蔵装置には、充電速度、放電速度および放電深度を管理する制御装置が付くと予想される。

その管理アルゴリズムはまた、入札を完成させるために他のプレーヤーからの入札を受け入れるか、または他のプレーヤーが受け入れると推測さ

図 3-13. TE サービスインターフェース
(TE ネットワークでは、すべてのプレーヤーが管理アルゴリズム・機器・取引プラットフォームの間で情報のやり取りをする TE サービスインターフェースを持つ)

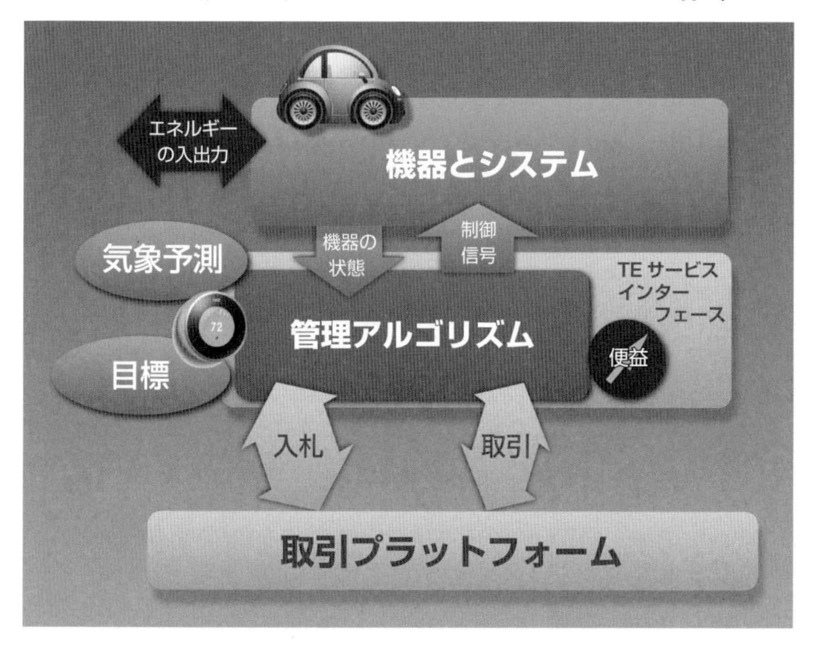

れる入札を入れるようになる。これらの取引は、機器の所有者の目的に基づいて、利益または便益を最大化する方法で行われる。EMS は建物の所有者の「代理人」として振る舞っている。

その管理アルゴリズムはさらに、気象通報や交通情報、所有者の GPS といったさまざまな外部情報源と相互に作用することもできる。電力システム全体の効率を向上させる巨大な可能性は、情報収集と最適化の組み合わせの結果である。

TE サービスインターフェースは、ソフトウェアまたは EMS に埋め込まれたチップのようなハードウェアにおいて実施されると考えられる情報標準である。それは、TeMix プロトコルを利用するようにプログラムされている。

本節のまとめ

全ての必要なプロトコルは、TE モデルを実施するのに適当な状態にある。TeMix プロトコルは、コンテンツ用の OASIS EMIX 情報モデルとプロセス用の OASIS EI サービスモデルという、2 つの既存の標準の組み合わせである。TeMix の標準は、誰にでも無料で公開されている。全てのプレーヤーは、自らの機器やシステムの制御を維持しながら、同時に入札と取引をプレーヤー同士で通信することができる。TeMix プロトコルにより TE の自動化が可能となり、それによって TE の幅広い利用による便益が生み出される。

このプロトコルによる便益は、その単純さに起因するものである。単純な通信プロトコルで構築されたインターネット経済や金融取引のように、TE ビジネスモデルは単純な TeMix プロトコルに基づいて構築されることになる。

第 4 章

我々が直面する
チャレンジとチャンス

エネルギー市場の変化は、風力・太陽光発電の連系、分散型エネルギー貯蔵、分散型エネルギー資源（DER)、マイクログリッド、家庭・ビル・産業界の運用に大きな課題をもたらすだけでなく、電気自動車への急速な投資を促す。本章ではこれらの課題について説明し、どのように取引可能な電力（TE）ビジネスモデルが課題に対応できるかを説明する。

米国の半分以上の州が再生可能エネルギー利用割合基準（RPS）制度を設定している。これらの政策は、特定の時点までに一定の割合のエネルギーを再生可能エネルギーから得るという公約である。カリフォルニア州は、2020年までに消費電力量の33%を再生可能エネルギーから生産することを公約している。これらの目標には、ルーフトップの太陽光パネルなどの個人所有の再生可能エネルギーは含まれていない。

ほとんどの再生可能エネルギーは、集中型および分散型の太陽光と風力発電である。図4-1は、28州におけるこれらの政策目標を導入率で示したものである。カリフォルニア州では33%に達している。また、テキサス州では容量目標が定められている。国際的には、ドイツは2025年までに40～45%、2035年には55～60%の再生可能エネルギー目標を掲げている。

再生可能エネルギーへの移行により、エネルギー貯蔵技術の必要性が高まっている。風力発電は風が吹いている時間帯、太陽光発電は太陽が出ている時間帯にのみ利用可能である。この変動に対応して、風力発電や太陽

図 4-1. RPS 政策
（訳者注：カリフォルニア州は 2030 年までに 50%の導入目標も持つ）

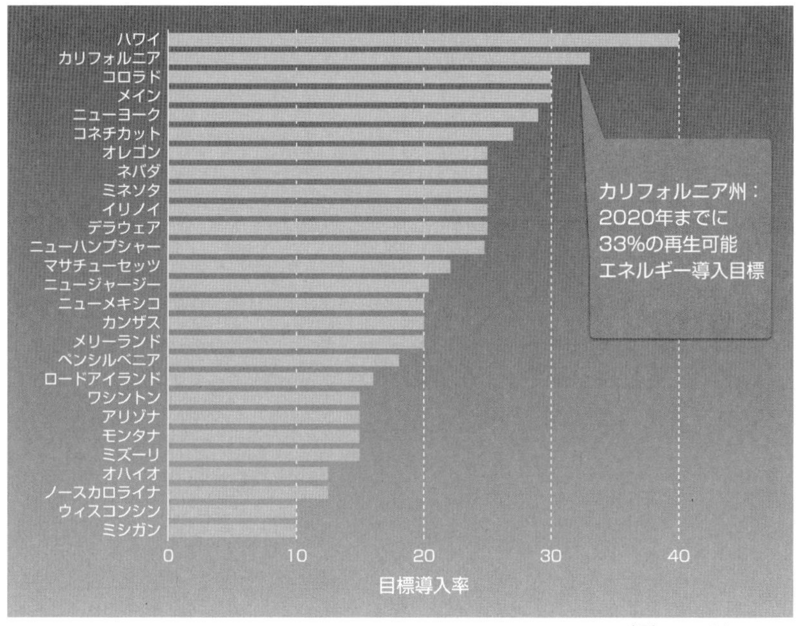

出所：www.dsireusa.org

光発電を低価格で利用できる時間帯に電力を使用するシステムが必要となる。エネルギー貯蔵はこれを行うためのひとつの方法である。カリフォルニア州は、2020 年までに 1,325 MW の電力用エネルギー貯蔵設備の導入を義務づけている。

再生可能エネルギーとエネルギー効率（省エネルギー）に焦点を当てることによって、DER の展開が促進されている。太陽光パネルのコスト低下や需要家に対するインセンティブは、分散型太陽光発電ブームをもたらした。また、インセンティブと技術によって、コージェネレーション施設が急速に設置された。これらの技術は、需要家に近接するという利点があり、送配電設備の必要性を低減することで電力損失を削減することができる。

マイクログリッドは雨後の筍のように出現している。マイクログリッド導入の動機は多様である。カリフォルニア大学サンディエゴ校（UCSD）がマイクログリッドを研究する理由は、スタンドアローンの統合システムを設計することによって総エネルギーコストを削減できる、と想定していることにある。カリフォルニア州クパチーノにあるアップル社の新研究所も、マイクログリッドとなる。これによってアップル社は、停電時にも貴重な従業員と機器が可動し引き続き生産が可能となる。軍事施設では、コスト削減や、エネルギー安定供給、レジリエンス（回復性）向上のために、マイクログリッドを導入している。2012年、米国東海岸にハリケーン・サンディーが到来した時には、系統喪失に対する脆弱性が露呈されたが、マイクログリッド化により、軍事基地はブラックアウト（広域停電）や自然災害に対して脆弱性を示す余地はなくなる。

DERやマイクログリッドにより、民間電力会社には懸念が生じている。需要家の大部分が系統から分離され、少数の需要家に対して送配電システムの料金が課されたままになるシナリオは容易に想像し得る。

電気自動車は、電力系統に新たな需要を発生させ、負荷曲線を変容させる。電気自動車は、副産物としてのエネルギー貯蔵としての柔軟性を提供する。輸送に必要なエネルギーがあれば、どのような方法でも自動車の蓄電池を充放電することができる。平均的なアメリカの家庭では1日あたり約30 kWhの電力を消費する。テスラの蓄電池は約50 kWh、日産リーフは約20 kWhであり、これは電気自動車の蓄電池が1日分の家庭のエネルギー需要を供給できることを意味する。これには信頼度も織り込み済みである。

この変化によって、投資と運用の判断はより複雑になっている。生産者と需要家の投資はどのように調整されるのだろうか？　生産者と需要家の運用判断はどのように調整されるのだろうか？

これら全てを開発することは、電力システムが今後10～30年の大きな変化に対する準備ができているということに等しい。それはあたかもその技術進歩や有望なイノベーションなしにその開発が可能だと威圧しているかのようである。

以下の節では、再生可能エネルギー、建築物のエネルギー効率化の必要性、DER、マイクログリッド、電気自動車などの開発と TE を関連づける。

4.1　風力・太陽光発電の系統連系

本節の概要

以下の理由によって、TE により風力・太陽光発電の成長が促進される。

1. 投資リスクの低減。
2. 電力消費の風力・太陽光発電が利用可能な時間帯へのシフト。
3. 太陽光パネル所有者による売電の簡易化。

TE モデルは、さまざまな方法で風力・太陽光発電の成長を促進する。第一に、TE モデルによって投資リスクが低減する。第二に、電力消費を風が吹き太陽が出ている時間帯にシフトできる。また、TE によってエネルギー貯蔵も容易になる。風力･太陽光発電による電力を貯蔵することで、それを別の時間帯にシフトさせることが可能となる。

このことにより、太陽光・風力発電がより魅力的なものになる。TE 入札価格により、太陽光・風力発電が利用可能な時にはより多くのエネルギー消費が促され、利用できない時にはエネルギー消費をより少なくすることが促される。需要家も金銭的節約が可能となる。

風力発電所は遠隔地に集中する傾向がある。つまり、需要家まで長距離送電しなければならないことを意味する。太陽光パネルは電力網全体に散らばっており、ほとんどは建物の屋上にある。TE では、エネルギーと輸送の価格を分離することで、これらの位置要因を考慮に入れている。

カリフォルニア独立送電系統運用機関（CAISO）は、風力発電、特に太陽光発電が電力システムに与える影響について調査している。総需要から風力・太陽光発電による発電電力量を差し引くと、結果として得られる「残余需要」は「ダックカーブ」のようになる（図 4-2 参照）。「アヒル（ダック）」の形をした残余需要は、一般には化石燃料発電機のような従来型電源によって供給される。

このカーブには 2 つの興味深い点がある。第一に、午後遅くに太陽が沈み、夕方の家庭の需要が増加するにつれて残余需要が急激に増加するという点である。2020 年までに、出力変化速度は約 3 時間で 13,000 MW 以上になると示されている。これは現在の電力システムの限界を超えている。

二番目の興味深い点は、太陽光発電が増えているため、日中の残余需要が非常に少ないことである。これは従来型電源の最低出力を下回っている。そうだとすると、我々は「過剰な」発電設備を抱えることとなり、いくらかのエネルギーを無駄にせざるを得ない状況に陥る可能性がある。

カリフォリニア、ハワイ、ドイツやその他の太陽光発電が多い地域の電力システムでは、ダックカーブが既に確認されている。そして、これらのカーブは日々変化している。

この単純化した分析から得られるメッセージは、需要曲線に合わせるための柔軟性のある電源が必要であるということである。この柔軟性は CAISO によってディスパッチされていない需要家側の調整力、エネルギ

図 4-2. 残余需要のダックカーブ（3 月 31 日）

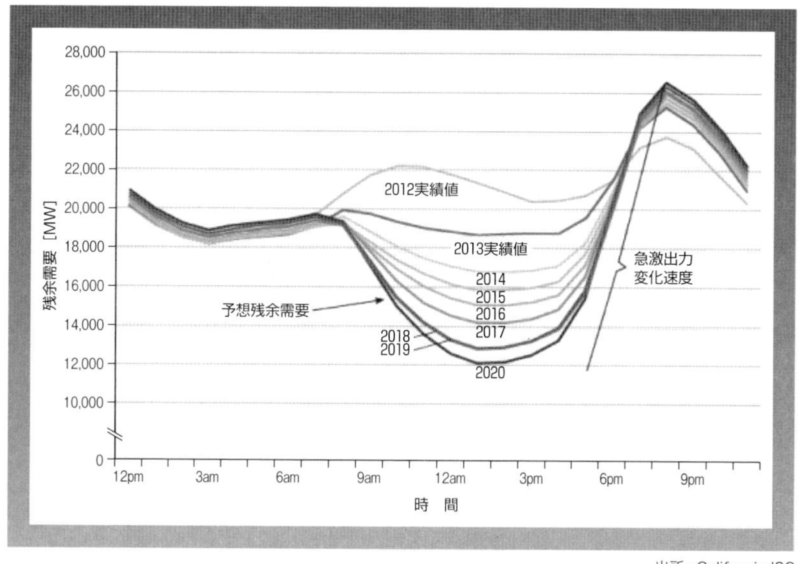

出所：California ISO

一貯蔵や DER から得ることができる。TE モデルは、必要なときにこれらの資源を活用するのに理想的なモデルである。

太陽光・風力発電の投資家は、従来型電源の投資家とは異なる状況に直面している。従来型発電設備では、利益が得られる時に運用することにより利益を最大化できる。風力・太陽光発電事業ではこれを行うことができない。風が吹いていたり太陽が出ているときには「オン」、母なる自然がスイッチを切るときには「オフ」になるが、その発電は急速に変化する可能性がある。この変動性、もしくは予測可能性の欠如により、先渡し取引にプレミアムが発生する。

先渡し TE 定量契約取引は、再生可能エネルギー事業者の収益を確定させることができる。これにより、風力・太陽光発電事業のリスクと資金調達コストは低減する。先渡し TE 取引は、今日の多くの風力・太陽光発電業者が使用する電力販売契約（PPA）の代わりとなる。TE 定量契約では、これらの事業は定量契約を最終消費する需要家に直接販売することができる。実際に、少なくともある太陽光発電プロバイダー（ソーラーシティー社）は、既にルーフトップソーラーを設置する住宅の所有者に定量契約を提供している。

TE モデルを導入すれば、全ての風力・太陽光発電事業は、事業が生み出す発電電力量の特定割合に対して、年間の固定費で複数年にわたって定量契約（先渡し契約）を結ぶことができる。計測方法やローカル市場の取り決めに応じて、発電電力量を1時間、5分、あるいは4秒といった短い間隔で測定することが可能である。この定量契約では、買い手は、実際の発電電力量の規定割合分の引き渡しを受けることになる。

TEにより消費が風や太陽のある時間にシフトする

電力消費は、供給が少なく消費が多い時間帯から、供給が多く消費が少ない時間帯に移動すべきと考えている。歴史的には、前者はエアコンの使用が多い暑い夏である。

太陽光発電は、日中の日照量が多く暑い時間帯に多く発電する。これはエアコンの需要と一致する。安価で豊富な太陽光発電の存在は、ピーク需要時期を、CAISO が予測する歴史的な暑い日からピーク需要時期を移動させるだろう。しかし、いつエネルギーの余剰や不足が発生するかは、正確には分からない。

風力·太陽光発電は、運用（ランニング）コストがほとんどかからない。エネルギー価格は、もはや発電機の運用コストに基づかず、需要家のニーズに応じた支払い意思額（需要曲線）と入札された供給（供給曲線）に基づいて決定される。価格は、秒、時間、日、季節、地域ごとに変動する。

将来的には、変動する供給と変動する消費とバランス均衡点で需給価格が決定されるビジネスモデルが必要となる。これが TE の方法であり、これが介入なしに行われる。将来的には、「ピーク」期間と「オフ」ピーク期間を定めようとすること自体が意味のないものとなる。需要の大小は絶えず太陽光・風力発電と共にシフトする。同様に、再生可能エネルギーを無駄に捨てたり需要家にエネルギー不足を強いたりすることはなく、スポット価格を事前に設定することやスポット価格の変動を制限することは不可能である。

TEによりエネルギー貯蔵が促進される

再生可能エネルギーとエネルギー貯蔵には強い相乗効果がある。夜には風が吹く場合が多く、日中には太陽が太陽光パネルを照らす。エネルギー貯蔵は、風力・太陽光発電からの低コストのエネルギーを、需要が大きい場合やエネルギーが特に価値のある時間帯にシフトさせる方法である。

夜間は電気自動車が車庫内に駐車するときである。自動車のエネルギーマネジメントシステムにより、低コストの風力発電電力を蓄電池に取り込むことができる。さらに、過剰な太陽光が昼時に利用可能なときには、駐車してある電気自動車を充電することもできる。

TEにより送配電効率が高まる

ほとんどの太陽光発電は、エネルギーが使用されている地点の近くに位置する。これは、送配電コストを削減できるという利点がある。

一般に、太陽光パネルを使用する需要家は電力輸送の必要性を低減させる。需要家は、エネルギー純輸入者である間は、輸送コストを支払う必要がある。また、余剰エネルギーを電力システムに送るときにも輸送コストを支払う。各方向のスポット輸送価格は、輸送網の容量に関連した潮流や、混雑時に生じる固定輸送コストを回収する必要性に依存することになる。

TE モデルでは、太陽光パネル所有者による送配電利用を簡単に説明できる。先渡し・スポットの入札と取引には、双方向輸送サービスのコスト

図 4-3. 米国西部全域の風力発電所分布

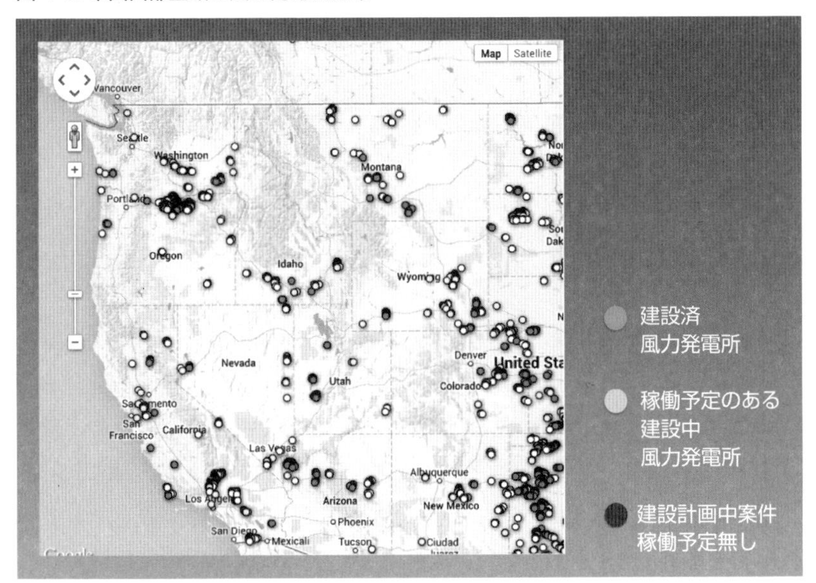

出所：Caller-Times analysis of Federal Aviation Administration records.2013年11月22日更新

が反映される。これは輸送とエネルギーを分離させる利点である。

一方、風力発電は遠隔地に位置する傾向がある。そのエネルギーは、電力需要が集中する都市部から遠く離れた場所で発電される。図4-3は、米国西部における風力発電設備の予想分布を示している。

地理的に不利な点もTEモデルに組み込まれている。風力発電所から輸送するための先渡し入札には、送電線を建設するコストが含まれる。スポット輸送入札には、送電混雑や長距離送電損失に係るコストが反映される。

TEは、効率性と公平性を向上させる方法で位置要素を調整する。需要家はエネルギーと輸送サービスに対して別々に支払う。遠隔地の電源はペナルティーを支払うが、需要家に近い発電は報酬を得ることになる。

本節のまとめ

TEは、リスク低減および需要シフトを促すことにより、効率的な風力・

太陽光発電事業開発を推進する。TE により、太陽光発電とエネルギー貯蔵の相乗効果が促進される。最後に、TE により、太陽光や風力発電のロケーション上の長所と短所について、個別に説明できるようになる。

4.2　エネルギー貯蔵の系統連系

本節の概要

エネルギー貯蔵は、ある期間から別の期間にエネルギーを移動させるために使用される。

エネルギー貯蔵の必要性は増している。

エネルギー貯蔵には以下のようなさまざまな形態がある。

- 揚水発電
- 大容量蓄電池
- 熱貯蔵
- 圧縮空気貯蔵
- 電気自動車の蓄電池

エネルギー貯蔵は、電力経済システムのほぼどこにでも配置可能である。TE により、エネルギー貯蔵に係る投資と運用が効率的に決定される。

TE は、電力システム全体でのエネルギー貯蔵の効率的な使用をサポートする。より高価なピーク時に安価なエネルギーが利用できるようにするために、貯蔵が必要である。エネルギー貯蔵の設置は比較的高価ではあるが、そのコストは急速に低下している。

TE ビジネスモデルにより、エネルギー貯蔵投資家に対して、健全な意思決定に必要な情報が提供される。エネルギー貯蔵投資家は、高価なエネルギー貯蔵投資の財務リスクを軽減するために、先渡し取引を利用することができる。

エネルギー貯蔵設備の充放電サイクル効率は、投入される電力量1 kWhあたり70～90%である。TE先渡し入札価格によって、いつ充電・放電を行うかを決定するために必要な情報が提供される。

日本では、消費される電力量の15%が貯蔵されている。米国では、電力システム規模の貯蔵は2%未満である。カリフォルニア州議会は、3つの民間電力会社に対して、2020年までに1,325 MWの新規エネルギー貯蔵設備の設置目標を設定している。米国に設置されたエネルギー貯蔵の容量は現在約22,000 MWで、そのほとんどは揚水発電である。

エネルギー貯蔵技術

歴史的に、ほとんどのエネルギー貯蔵は揚水発電であった（図4-4参照）。電力が安くなると水を上部調整池に汲み上げ、電力が必要なときにはタービンを通じて下部調整池へ流す。例えば、スイスは夜間にフランスから余剰の原子力による電力を購入し、それを使って水を山の調整池に汲み上げ

図 4-4. 一般的な電力用エネルギー貯蔵技術

ている。この電力は、需要の多い昼間にスイスの需要家のために使用される。

エネルギー貯蔵協会（ESA）は、エネルギー貯蔵に係る６つのカテゴリーを定義している。

- 固体電池：高度な化学電池やキャパシタを含む広範な化学電気貯蔵ソリューション。
- フロー電池：電解液に直接エネルギーを蓄える電池。長い寿命と迅速な応答時間を持つ。
- フライホイール：回転エネルギーを利用して瞬間的なエネルギーを伝達する機械装置。
- 圧縮空気エネルギー貯蔵：圧縮空気を利用してエネルギーを貯蔵する。
- 熱貯蔵：需要に応じてエネルギーを生み出す熱と冷気を貯蔵する。

• 揚水発電：大規模なエネルギーを水という形で貯蔵する。

エネルギー貯蔵の容量と重量は、電気自動車用では重要だが、電力システム用ではそれほどではない。電力システム用における重要な要素は、効率とコストである。

エネルギー貯蔵の送配電における利点

いくつかの種類のエネルギー貯蔵の重要な利点は、立地の柔軟性である。蓄電池は十分なスペースがあればどこにでも設置が可能である。このことは、効率と信頼度にとって最も有益な送配電システム上の地点に蓄電池を配置できることを意味する。揚水発電は、水が垂直落下する場所に設置する必要がある。鉛蓄電池は、住宅所有者の地下室を含め、事実上どこにでも置くことができる。

需要地点や需要家の近くにエネルギー貯蔵を配置することで、送配電への新たな投資の必要性を減らすことができる。また、需要に近いエネルギー貯蔵の運用により、送配電システムにおける損失を低減することができる。

カリフォルニア州で太陽光パネルを所有するプロシューマーは、最近、太陽光発電システムをバックアップするために家庭に蓄電池を設置し始めている。これは信頼度のみならず収益性ももたらしている。オフピーク時に電力システムから蓄電池を充電し、ピーク時に電気エネルギーを電力システムに売却することで利益を上げることが事実上可能になる。しかし、サザン・カリフォルニア・エジソン社は、それは反則だと主張している。ネットメータリング制度における需要家のオン・オフピーク料金割合は、カリフォルニア公益事業委員会（CPUC）により認可された。これは蓄電池にインセンティブを付与するためでなく、太陽光発電を促進するためである。蓄電池は、需要家所有の太陽光発電が電力システムへ及ぼす影響を低くすることができると、多くの人は同意していた。それにもかかわらず、蓄電池へのインセンティブ付与に関しては、意図しない結果に終わった。

TE モデルがあれば、南カリフォルニアの状況は問題にはならないと考えられる。需要家が所有するエネルギー貯蔵は、電力会社が所有するエネルギー貯蔵と全く同じように扱われる。TE ビジネスモデルは、電力会社による輸送への投資を回収させる一方で、エネルギーと輸送の双方向の流れに適切な価格を付ける。エネルギー貯蔵は、電力システムにとって最も有益な場所に配置され、所有者にとって最も収益性の高い場所に配置される傾向がある。

先渡し入札を利用したエネルギー貯蔵の運用

エネルギー貯蔵の運用について、送電・配電 TE 系統インターフェースの変電所におけるスタンドアローンの蓄電池システムの例を用いて、説明することができる。蓄電池は、自動エネルギーマネジメントシステム（EMS）を備えている。EMS は、TE 入札と取引を使用して、蓄電池コントロールシステムおよび、1 つもしくは複数の TE プラットフォームと通信する。

蓄電池 EMS は、TE プラットフォームから、翌 24 時間の枠で、随時自動的に売買入札を受信する。変電所には、15 分枠 96 コマ（24 時間× 4 コマ）の買い入札が入り、変電所からは、15 分枠 96 コマの売り入札が出る。

複数の相手プレーヤーから、同じまたは異なる TE プラットフォーム上でエネルギー入札がある場合、EMS は、各取引枠における最良の入札価格に応じることができる。最良の買い入札は最低価格で買う入札であり、最良の売り入札は最高取引枠価格で売る入札である。

EMS によって、最低貯蔵容量を超過することなく、放電により売電量を増やすことができ高価格の 15 分枠が探索される。同時に、最大蓄電池貯蔵容量を超過することなく、充電により買電量を増やすことができる低価格の 15 分枠も探索される。

この検索プロセスは、蓄電池所有者の利益が最大化するように自動化された数学的アルゴリズムとして設定されている。その際、現在の充電状態、蓄電池温度、全ての非線形特性や化学的・物理的制約、交流・直流変換が考慮されている。

計算が完了すると、EMS は、蓄電池所有者への利益を向上させる取引として入札を受け入れる。これにより所有者の利益が確定する。

時間が経つにつれて、電力システム上の条件が変わることもある。突然、風力・太陽光発電に余剰が生じる場合を想定してみよう。その結果、買いと売りの入札が変更される。風力発電事業者は、非常に低い価格で電力エネルギーを売り出すことになる。エネルギー貯蔵 EMS は、蓄電池の運用上の制約内で予測を更新して買いと売りを再配分する。このプロセスは1日中連続して繰り返される。

このエネルギー貯蔵に関する TE 運用は、電力システム上（需要家内配線から配電網、送電網まで）のどこに配置しようがどのような種類であろうが、エネルギー貯蔵デバイスに対して、同じように作動する。中央給電指令所の運用者は、何百万ものエネルギー貯蔵デバイスの現在の充電状態や詳細な特性を知る必要はない。TE を使ったエネルギーと輸送に係る買い手と売り手のやりとりにより、全てのエネルギー貯蔵が最大限に活用される。エネルギー貯蔵により、再生可能エネルギーの系統連系が容易になり、需要家のコストを削減し、信頼度の高いサービスが保証される。

本節のまとめ

TE モデルにより、エネルギー貯蔵に係る投資と運用のインセンティブが効率良く提供される。また、イノベーションのインセンティブも提供される。エネルギー貯蔵投資家に係る TE モデルの利点は、先渡し価格と数量の情報が利用できることである。

エネルギー貯蔵の運用者は、スポット価格により運用を継続的に最適化し、利益を最大化することができる。EMSシステムは、特定のエネルギー貯蔵技術と設計に係る非線形制約と物理特性を考慮して、設計されている。

もう１つの利点は、TEがエネルギーと輸送を分離していることである。これにより、投資家や運用者は、エネルギー貯蔵技術によって提供される立地の柔軟性を活用できる。エネルギー貯蔵は、電力システム上のエネルギーと輸送の両方を、利益目的で管理するために運用される。

エネルギー貯蔵は、電力システムにおいてますます大きな役割を果たす。TEビジネスモデルは、より多くのエネルギー貯蔵が使用され、適切な地点に配置される未来の実現を可能にする。

4.3　住宅と商業ビルの統合

本節の概要

1. ほとんどの化石燃料削減とコスト削減は、建物の効率改善により実現される。
2. 冷暖房需要が主要な要因。
3. TEモデルでは、需要家の投資はよりスマートで低リスクとなる。
   - 先渡し取引は投資決定を調整する。
   - スポット取引は運用上の決定を調整する。
4. 全ての需要家と生産者は、公平な土俵でビジネスを行う。
5. 需要家は自律的に行動する。

ロッキーマウンテン研究所（RMI）によると、2050年までに石油、石炭、原子力発電を段階的に廃止することは可能であり、経済的である。総エネルギーコストの正味節約量は、割引現在価値（NPV）で約5億ドルである（エイモリー・ロビンス「新しい火の創造」参照）。

RMIが予測する利益の大部分は、住宅や商業ビルにおける電力使用量の削減から生じる。電力部門は化石燃料使用量の削減に適している。1 kWhの電力を節約するたびに約3 kWh分の燃料を節約するからである(燃料節約の試算は、再生可能エネルギーだと0 kWhから旧式ガス火力発電所だと5倍の15 kWhと、幅広く試算されている)。また、送配電で失われるエネルギーも節約される。これは発電電力量の約7%を占める。待機電源が増えるほどにロスは大きくなるが、追加的に増加する損失は、ピーク需要時には3～4倍まで拡大しうる。

潜在的な効率性の向上を実現するには、数百万人の住宅所有者や事業者による大きな投資を必要とする。これまでの政府介入は、新技術への投資を刺激し、早期導入者のリスクを軽減することに有用であった。最終的には、筆者らは、これらの投資が民間市場に導かれることを望んでいる。

TEモデルでは、需要家の投資はよりスマートになり、よりリスクは低くなる

TEモデルは、住宅や商業ビルの需要家に、現在大規模需要家が使用している高性能の意思決定ツールを提供する。住宅所有者は、スマートフォ

ンに容易に埋め込まれるようになったアルゴリズムを使用して、新しい家電または家庭用エネルギー事業に関して投資判断評価を行うことができるようになる。EMS と連携しているスマートフォンは、以下のことが実行可能である。

- 将来の kWh 使用量と時間帯別の利用特性を見積もる。
- 家電のコストと運用特性に関する生産者情報にアクセスする。
- TE プラットフォーム上のエネルギーと輸送の入札にアクセスする。
- 大小全ての需要家は、TE プラットフォームに接続し、数年間分の電力を事前に先渡し価格入札にて回収することができる。
- 将来のキャッシュフローを見積もり、NPV と回収額を計算する。
- 比較を提示する。

需要家は、先渡し取引（定量契約）を使用してエネルギーを節約することができる。家庭全体または太陽光パネルや蓄電池などの単一の機器で、先渡し取引を行うことができる。

住宅や商業ビルの需要家は、将来の運用コストが予測を超えるリスクを低減するために、定量契約を使用する。これにより、効率的な投資を行うことが現在よりずっと容易になる。

より良い情報とリスクの低減が、より多くの買い手をより効率的かつ実用的な選択に導くようになる。これは疑いの余地がない。今日では、新しい冷蔵庫を購入する人は、店頭の冷蔵庫に付いている政府が定めた省エネステッカーに頼らざるをえない。省エネ評価は曖昧であり、節約評価は平均使用量と電力料金に基づいている。これは「買い物をするものは用心を心がけよ」の状況である。貴方の状況は「平均的な」需要家と大きく異なる場合がある。

一般に、リスクが低いほど投資は増える。TE モデルによって、需要家のリスクが低減されることになり、新技術への投資が刺激されることになる。先渡し取引によって、巨大な大規模需要家が使用するものと同一のリスク管理メカニズムにアクセスすることが、住宅所有者や中小企業にも可能となる。

投資の協調

投資の協調は、今日の電力システム設計者が直面している大きな課題である。ピーク需要を減らすため、または新しい火力タービンを設置するために、応答性の高い「スマート」家電や暖房・換気・空調システムに投資するかどうかについて、我々はどのように決定するだろうか？　住宅所有者の地下室にある多くの小型蓄電池に投資するべきか、それとも少数の大型エネルギー貯蔵施設に投資するべきか？　どの程度の風力・太陽光発電が最適だろうか？　電力システムは複雑であり、ステークホルダーはさまざまに異なる目的を持ち、そして我々は全て不確実性に直面しているため、これらの疑問は電力システム設計者に答えられるような問題ではない。

もし電力システム設計者が、最適なシステムを一元的に設計する枠組みが開発可能だと考えるならば、これは自身を欺いていることになる。これは全く不可能なことである。今日、電力システム設計者は、実際に集中型の生産者のみを調整している。電力経済システム全体にわたる投資を調整することは、決してできない。

TE モデルでは、先渡し取引を利用して、電力経済システム全体の投資決定が調整される。調整の仕組みは単純である。全てのプレーヤーは、全ての生産者と需要家の入札が掲載される同一の TE プラットフォームにアクセスできる。住宅所有者は、産業用の需要家が見るものと同一の入札を確認する。火力タービン投資家が使用する市場予測と同一の予測を利用して、全需要家は太陽光パネルまたは小規模エネルギー貯蔵への投資を分析することができる。

TE モデルの調整機能は、システム全体においてより効率的な投資を確約するものである。大小さまざまな個人の需要家が TE プラットフォームにアクセスし、高性能のエネルギーマネジメントシステムが整備されてい

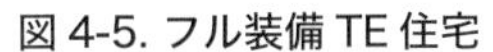

図 4-5. フル装備 TE 住宅

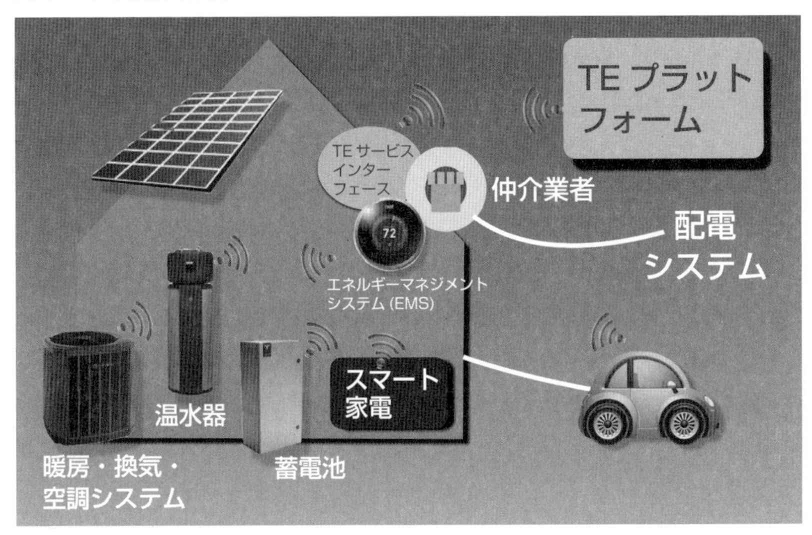

れば、エネルギーシステムは継続的に自己改善していく。技術や所有権とは無関係に、資本は最も「収益性の高い」投資に自然と移行する。

需要家はよりスマートな運用判断を下す

スマート家電に投資しても、それをスマートでない方法で運用するのでは意味がない。世界で潜在的な効率向上を達成するには、暖房、エアコン、多種多様な機器のスマートな運用が必要である。

TE モデルはスポット取引を利用して運用上の意思決定を調整する。全てのエネルギーの買い手と売り手のスポット入札は、例えば 15 分間隔で、TE プラットフォーム上で利用可能である。

我々は、暖房・換気・空調システム、太陽光パネル、蓄電池、家電を所有する家庭において、TE モデルがどのように機能するかを説明できる。我々のモデルとなる家庭には、自動 EMS が設置されている。EMS は、

図 4-6. 夏季の一般家庭の負荷曲線

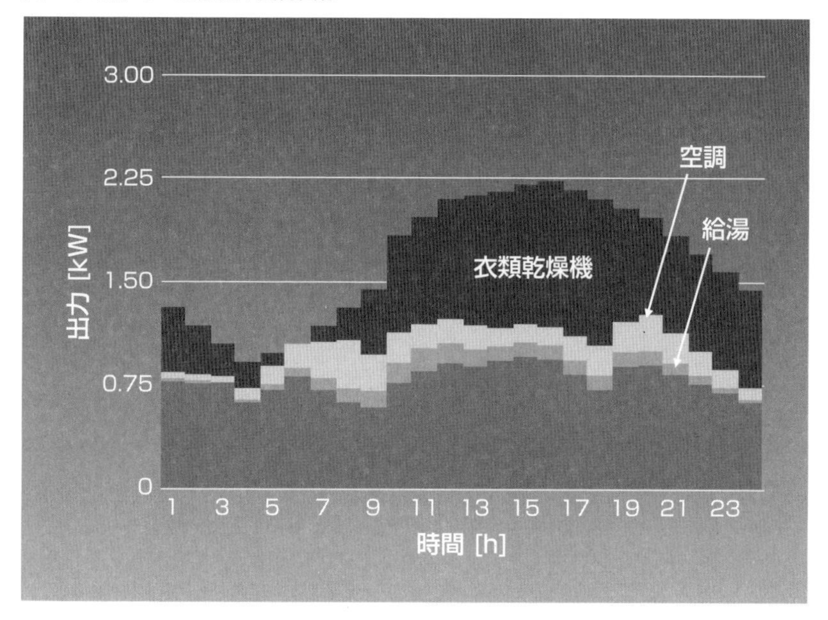

エアコン、冷蔵庫、衣類乾燥機、プールのポンプなどを含む家電と通信する。家の中では、EMS は太陽光パネルや蓄電池とも通信する（図 4-5 参照）。

家の外では、EMS は、大抵「クラウド」コンピューターで管理されている TE プラットフォームと通信する。また、EMS は、気象予測や居住者の利用パターンにアクセスできる。

EMS により今後 24 時間にわたる家庭の正味使用量が予測されると、家庭のエネルギー設計プロセスが動き始める（図 4-6 参照）。その予測は所有者の習慣、現在のスケジュール、暖房・換気・空調システム、衣類乾燥機や給湯器といった機器の使用を考慮したものとなる。

次に、EMS はその地域の気象予測を見て、太陽光パネルの発電電力量を見積もる（図 4-7 を参照）。太陽光パネルの発電電力量は、正午か午後にピークに達するが、太陽光パネルが西に面している場合少し後の時間帯にシフトする。期せずして図 4-6 に示す一般家庭の負荷のピーク時間に近

図 4-7. 太陽光発電の出力

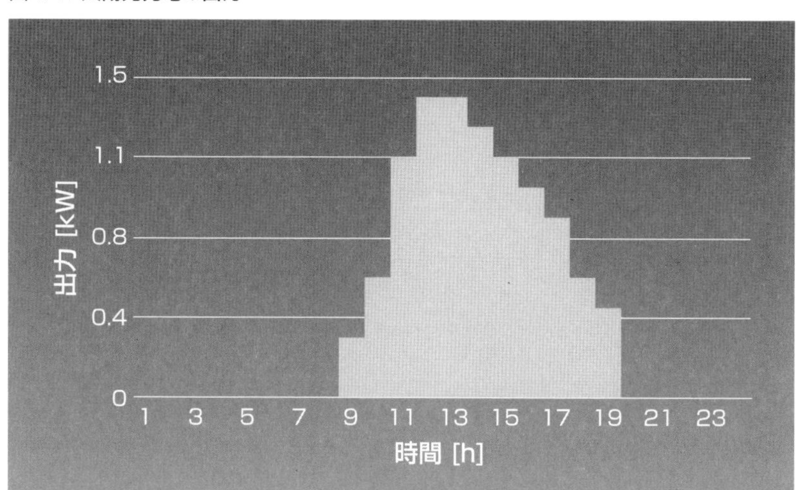

い時間帯であるが、これは驚くことではない。一般家庭のピークは空調の需要によって決まる（通常､空調の負荷は太陽光発電の出力とずれがあり､もし日中に家に人がいない場合はピーク時間は夕方に持ち越される）。この場合、太陽熱による空調の需要と太陽光パネルからの供給の両者が増加する。

EMS は家庭の需要や太陽光発電を予測することができるので、EMS は TE プラットフォーム上でその日の電力量を活発に売買することになる。最初の段階は、既に（定量）取引されている全ての受け入れと引き渡しを合計することである。世帯は、時間ごとに一定量の電力量を購入または販売するために定量契約している。これは「ポジション」と呼ばれる。

家庭の需要と定量契約の組み合わせを図 4-8 に示す。濃い部分は定量契約と総需要の差である。

EMS システムにより、需要、定量契約と太陽光パネルの発電電力量を組み合わせて、正味の電力需要を見ることができるようになる。結果を図 4-9 に示す。ここでは、日中に余剰電力量が見られる。この余剰エネルギ

図 4-8. 総需要に占める定量契約

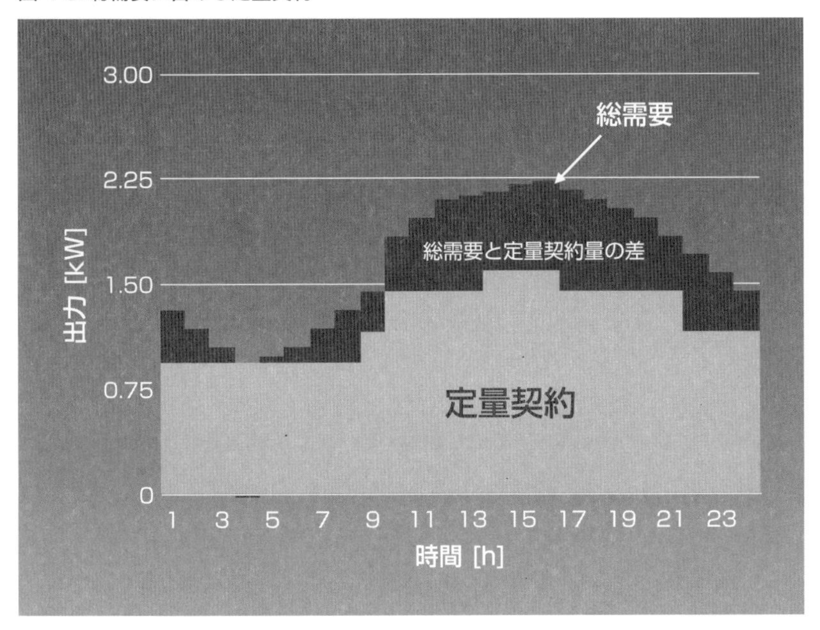

ーは貯蔵するか販売することが可能である。その日の遅い時間帯では電力量不足となるが、その不足分の電力量は蓄電池のエネルギー貯蔵から購入または回収が可能である。また、EMS はスマート家電を制御することもでき、需要パターンを変更するために建物使用者に情報を提供することもできる。

この時点で、EMS は最適化を始める。それは住宅所有者の正味便益を最大化する方法で購入、売却、およびエネルギー貯蔵を行える。EMS は、衣類乾燥機、エアコン、給湯器などのスマート家電の制御に影響を与える。これらの負荷はある程度制御可能であるが、通常はそれらを操作すると利用者に多少の影響を与える。例えば、エアコンが止められた場合は室内温度と快適度が変化する。EMS には、予測される部屋の利用情報と住宅所有者の快適性に係る選好情報がある。これらの設定は、需要家がいつでも

図 4-9. 定量契約と太陽光発電量調整後の正味出力

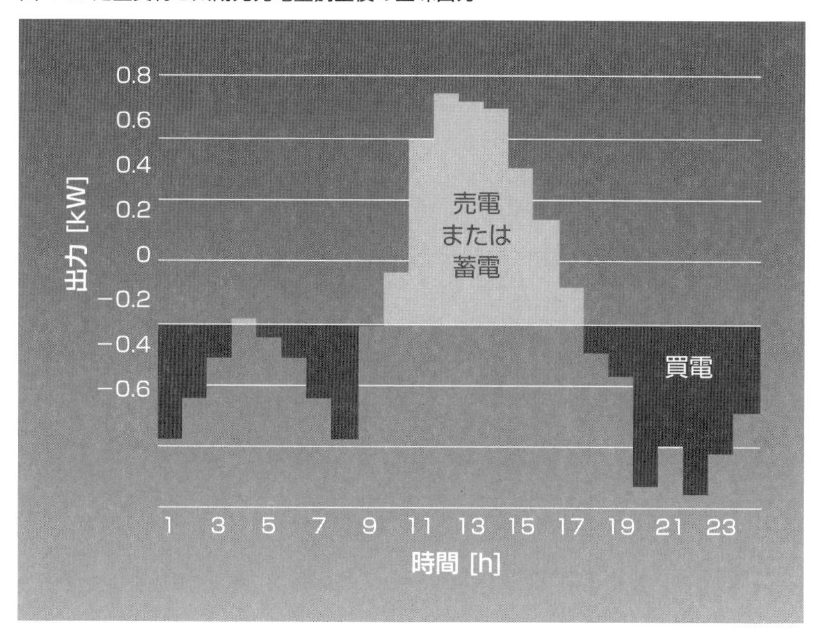

変更することができる。EMS は経済的な情報と共に選好情報を使用して、家電の運用上の決定を行う。

蓄電池はこれらとまた別である。蓄電池は利用者に影響を与えることなく、ある期間から別の期間に電力量をシフトさせることができる。また、住宅所有者の利益を最大化する方法で電力を売買することもできる。EMS は、蓄電池の充放電サイクル効率が 70%～ 90% である事実を考慮する。住宅所有者の電気自動車内の蓄電池を電力システムに連系することもできる。

EMS は TE プラットフォームにアクセスし経済的な情報を入手する。TE プラットフォームでは、エネルギーと輸送の両方の売買入札を利用することができる。 EMS の高性能のアルゴリズムにより、家庭への輸送正味コストと、立地に基づく家庭からの電力販売を予測することができる。

その日が終わると、EMS はシステムを監視し調整を行う。スポット取引は、住宅所有者の正味便益を最大化する方法でシステムを微調整するように、利用される。

スポット取引により、電力経済システム全体の運用上の意思決定が協調される

全ての居住用・商業用ビルは、TE プラットフォーム上にて同一のスポット入札へアクセスできる。売買入札は本質的にはスポット価格である(「入札」という用語は、そのビルが、所定の量を入札価格で売買できることを意味する。その価格は変動する可能性があり、運用を決定する時では固定できない価格である。予想価格とは異なる)。

スポット入札価格によって、電力システム全体の運用上の決定が整理される。「火力タービンを稼働させるか、エネルギー貯蔵からエネルギーを放出するか、需要家のエアコンを一時停止するか」といった単純な意思決定を考えてみよう。これは、今日の制御システムでは難しい選択である。TE モデルでは、この決定を一元的に行う必要はない。エネルギー貯蔵が利益を生むのであればそれが運用されるし、火力タービンが利益を生むのであればそれが稼働される。需要家に利益があるのであれば空調の使用パターンが変更される。全ての決定は自律的に行われる。これらは TE プラットフォームを通じて整理される。

最終的な結果として、需要は再生可能エネルギーの発電電力量が多い時間帯にシフトし、再生可能エネルギーの発電電力量が少ない時間帯を避けるようになる。電力システムは、高コストなピーク時とは無縁なものとなっていく。

それはあまりにも都合が良い事実のように見えるが、通信やコンピューター技術は急速に改善しており、ほんの 10 年前には想像もつかなかったことが今日では可能となっている。

住宅･商業ビルの需要家は、大規模需要家と同じ情報にアクセスできる。

１つのビルは、巨大な独立系統運用機関（ISO）や民間電力会社が利用している高性能の意思決定アルゴリズムに、同様にアクセスできるのである。

情報と意思決定は需要家の手に委ねられている。需要家は、生産者と需要家の両者（すなわち「プロシューマー」と呼ばれるもの）になりつつあるため、需要家の手に情報と意思決定が委ねられることは良いことである。TE は、プロシューマーが、電力システム上の実用的な時間帯や場所に円滑に統合されることを可能にする。彼らが買い手であるか売り手であるか、あるいはその両方であるかどうかは関係ない。

TE モデルにおいては、合理的行動を促すための補助金は必要ない。自らの利益を求めて行動する人々は、電力システムにとって最適な行動をとる。この電力システムは、常にシステム全体の効率性を高めている。

TE モデルは、電力会社による直接的な負荷制御を妨げているわけではない。TE は、より低いコストと介入なしで同じ結果を実現する、と約束しているのである。

政治的理由から、社会が太陽熱温水器や地域経済発展のような特定の技術の奨励を意図するならば、それは TE の枠組みの中で行うことができる。例えば、TE プラットフォームと仲介業者の枠組みの中で、炭素税が賦課され実施される。

本節のまとめ

TE モデルは、住宅や商業ビル分野における起業家の考えや行動に激変を引き起こすことになる。効率とコストの大幅な改善が期待される分野であるため、このことは重要な点である。

定量契約はよりスマートな投資判断を可能にする。これにより、建物効率化戦略の次の水準への補強を容易にする。

スポット取引により、誰もがよりスマートな運用判断をするようになる。全ての需要家と生産者は、透明性の高いレベルの競争市場で相互に作用する。インセンティブは、民間電力会社と需要家の間で調節される。

4.4　分散型エネルギー資源（DER）の統合

本節の概要

1. 太陽光パネル、コージェネレーション、バックアップ電源などの DER の利用量が増加している。
2. これらのエネルギー資源の多くは完全に制御可能ではなく、建物の暖房のような他の需要と結びつく場合が多い。
3. TE によって、分散型発電所の投資と運用上の決定が容易になる。
4. TE モデルによって、DER 所有者は、送配電の便益を獲得できるようになる。

伝統的な DER には、工業過程または天然ガス火力からの廃熱を利用するコージェネレーションが含まれる。新しいタイプでは太陽光パネルが含まれる。あまり知られていない DER では、小水力発電、廃棄物埋立地ガス・バイオガス・太陽熱によって燃料を供給されるコージェネレーションがある。ロッキーマウンテン研究所は、「分散型」とは何を意味するのかについて、以下のように包括的に説明している。

我々が“分散した”と言う場合、実際には、幾つかに明確に分かれていて、それぞれ異なった目的に向けた重要さを持つ電力源が持つ特性を表現している。“分散した”が通常意味するのは、地理的に分散しており、送電システム系統ではなく配電系統に接続されているものであり、そのため、その電源は消費者の近くにあり、送電損失と故障を少なくしてくれる。しかし、“分散した”電源はモジュラーなものであることも多く、相互にリ

ンクできる大量の小型で同質なものに作られている。モジュラー技術は、ユニットの大きさではなく、大量生産と早い学習によって経済性を得ている。また、同時に故障するとは考えにくい多くの小規模ユニットが多様に組み合わされて一体化し、脆弱な大規模設備に置き換わることで信頼度を上げている。最終的な表現で言えば、石炭や原子力発電所が作り出す数百メガワットとか数千メガワットと比較すると、"分散した"電源は小さくて、数キロワットから数メガワット領域のものである。規模が小さくなれば、ほとんどの必要性によくマッチするようになり、お金を節約することができる。1990年代半ばで見ると、米国の家庭負荷の４分の３は1.5キロワットを超えることはなく、商業負荷の４分の３は12キロワットを超えていなかった。

エイモリー・ロビンス，ロッキーマウンテン研究所：

「新しい創造の火」，ダイヤモンド社（2012），417ページより引用

現状のDERの課題

電力システム設計者にとってDERが多少問題となるのは、ほとんど全てのDERが変動性であることに起因する。太陽光発電は、太陽が照っているときに利用可能である。コージェネレーションは、建物や工場運転のニーズに結びついている。他のDERでは、バイオマスや流れ込み式水力発電のようにエネルギー源の利用可能量が問題となる。

大規模な集中型電源は、典型的には、発電事業のポートフォリオの要素として、地方の電力会社またはISOによって管理（ディスパッチ）されている。集中化された電源は、一般的に発電事業とその関連サービスという単一の目的のために運用されている。

DERは複数の用途を有する場合が多いため、調整のためのセルフディスパッチによって最も良い形で運用される。発電も副産物であるとも考えられる。中央給電所の運用者がDERとその所有者の志向に関する詳細な情報を収集することは困難であるが、TEによって協調された投資やDERのセルフディスパッチが容易になる。

TEビジネスモデルによって、DERの投資や運用に係る判断が効率的に自律的に行われ、他のエネルギーと輸送サービスの投資や運用上に係る決定が整理される枠組みが提供される。

複数年のDER先渡し取引は、DER設備の立地点におけるエネルギーと輸送の先渡し入札に基づいて行われる。その際、以下のことが考慮事項に含まれる。

- DERによる予想発電電力量と実発電電力量。
- 先渡し入札価格。
- 投資と運用コスト。
- 熱供給やヒートポンプなど、DER所有者の他の用途に関わる固有のその他の情報。

予想と実際との間の乖離を調整するために、DERはスポット取引を利用することになる。天候の変化、市場の変化、現場のニーズの変化への適応が常に求められる。DER所有者は、TEプラットフォームで利用可能な価格情報を利用することにより、自律的な対応が可能となる。

DERが送配電の必要性を変える

DERは需要近くに立地するため、送配電設備の必要性を低減させ、輸送時の損失を削減する。これらの削減による便益は、電力システム全体でコストと利用量に応じて生産者と需要家で共有される。

電力会社が直面する恐れのある「デススパイラル」は、より多数の需要家がエネルギーと輸送の両方において長期的な取引を行うTEビジネスモデルにより、回避することができる。電力システムに接続することは需要家に便益をもたらすため、より多くの需要家が電力システムへの接続を維持することとなる。彼らが利益を求めるときには、取引のために電力システムを利用するようになる。他の全てのプレーヤーと同じように、彼らは定量契約とスポット取引を通じて輸送コストの負担分を支払い、電力システムに販売するし商業的な価格を受け取ることになる。

本節のまとめ

現行の電力会社のシステムではDERを促進し運用することは困難であるが、それら全てはTEモデルによって対処可能である。全ての電源は、どこに位置していても、どのように出力変化させても、透明性のある価格で公平に競争するようになる。このことは、その種類、技術、規模、位置や所有権に関係なく当てはまる。DERへの投資に伴うリスクは軽減される。さまざまな技術の公正で透明性のある競争によって、電力システムの効率は向上する。

4.5 マイクログリッドの統合

本節の概要

1. TE は、マイクログリッド内の投資と運用を協調するために利用可能である。
2. TE は拡張可能である。

マイクログリッドは基本的には電力システムの一部であり、場合によっては独立運用が可能である。実証実験から軍事的安全保障に至るまで、さまざまな組織がマイクログリッドの一部でありたいと思う理由は数多く存在する。その目的とは、効率性と信頼度である。

大学のキャンパスでは、利用可能な全ての資源（太陽電池、コージェネレーション（熱電供給）、バックアップ電源）とエネルギー需要（照明、暖房や空調、ポンプ、プールへの給湯等）を統合することによって、当該キャンパス全体の電気代を削減できる可能性がある。地域の配電会社に支払う料金よりも、少なくて済む可能性がある。

マイクログリッドを運用することで、軍事基地は、電力システムにブラックアウトや自然災害があっても、確実に電力が供給可能となる。マイク

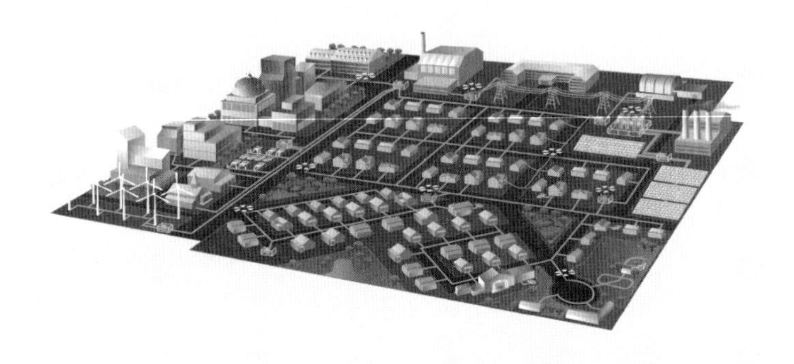

Source: Nationalgrid.com

ログリッド内では、経済的な方法で彼らの特殊なニーズを満たす設計が可能である。

TEモデルは拡張可能である

先渡し取引とスポット取引は、マイクログリッド内とマイクログリッド相互間の投資を協調するために、利用することが可能である。

最も高いレベルは全米レベルのグリッド（電力システム）であるが、次のレベルでは地域（州際）グリッドもしくは州レベルのグリッドが存在する。その次に、町や地方自治体のグリッドが存在する。最後に、小さい町、工業団地、軍事基地、大学のキャンパスなどの単位でも、マイクログリッドを構成することができる。これらのグリッドのそれぞれに、1つまたは複数のTEプラットフォームを置くことができる（図4-10を参照）。

さらに小規模なものでは、自給自足できるよう設計された家庭もまたマイクログリッドと言える。家庭は、エネルギー源から最大限の便益を得るために、利用するエネルギーを割り当てる高性能のEMSを持つことができる。個々の機器は、エネルギーサービスグループもしくはプレーヤーとして機能する。

極端な話では、太陽光パネルに接続されたiPhoneもまたマイクログリッドである。iPhoneの中には、エネルギー利用量を管理する非常に高性能のアルゴリズムがある。アルゴリズムの目的は、太陽光パネルからの最適な充電方法を選択しiPhoneの電池の寿命を延ばすことである。蓄電池はエネルギーサービスプレーヤーであり、ディスプレイもまた他のエネルギーサービスプレーヤーである。

TEモデルは全てのレベルで機能する。iPhoneでは、ディスプレイは演算と通信の間でエネルギーをやりとりする。スマートホームでは、入札と取引のアルゴリズムを使用して、空調、給湯、照明やエネルギー貯蔵の間でエネルギーを融通することができる。

図 4-10. 拡張可能な TE モデル

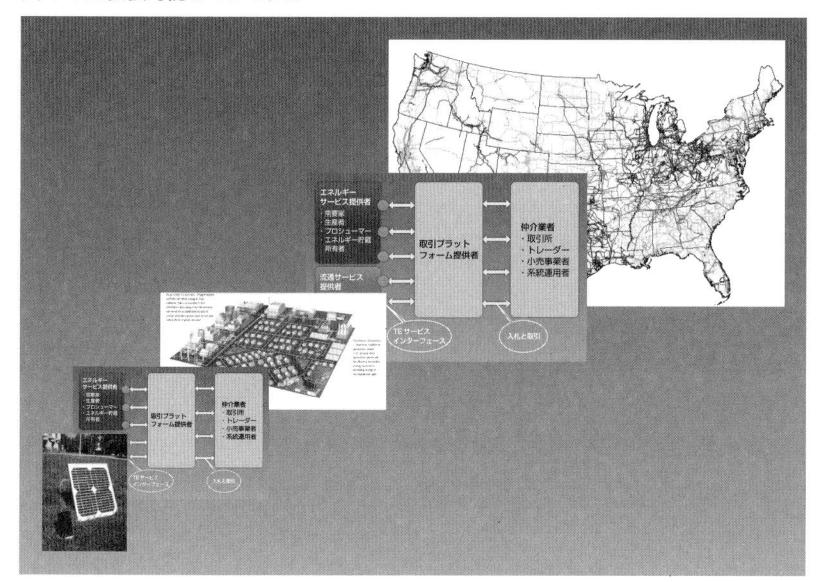

出所 : The Cost of Power Disturbances to Industrial and Digital Economy Companies
http://www.epri.com/abstracts/Pages/ProductAbstract.aspx?ProductId=000000003002000476

TE モデルは、全国的なグリッドと同様に、単一のマイクログリッドにおいても機能する。グリッドの境界は、TE プラットフォームによって設定される。

本節のまとめ

TE モデルは、マイクログリッドと大規模なグリッド内での相互作用を目的とするシームレスな枠組みを提供する。先渡し・スポット取引は、事実上あらゆる規模において投資と運用上の意思決定を調整するために利用できる。

4.6 電気自動車の統合

本節の概要

1. 自動車メーカーは、新しい自動車にEMSを投入している。
2. 電気自動車の蓄電池は需要近くに立地している。
3. TEモデルは、電気自動車の蓄電池を電力システムにシームレスに連系することができる。
4. TEビジネスモデルは、電気自動車の柔軟な充電パターンという利点を利用する。

CAISO、カリフォルニア州エネルギー委員会、カリフォルニア州公益事業委員会および関連のステークホルダーによって、車を系統に連結するためのシステム開発ロードマップが作成され、開発が進められている。これは、州知事の「2013年ゼロエミッション車（ZEV）行動計画」を支援することになる。この計画では、2025年までにカリフォルニア州内において150万台のゼロエミッション車が必要とされる。そのほとんどは電気自動車である。

これらの目標を達成すれば、カリフォルニア州は新しい重要な電力需要を有することになる。全ての電気自動車が同時に充電されると、電力需要

に10,000 MW以上が追加されることになる（現在の州のピーク需要は約60,000 MW）。全ての自動車が一度に充電されるわけではないが、この数字は潜在的な影響を示している。比較のために挙げると、カリフォルニア州議会は、2020年までに1,325 MWの電力会社による新たなエネルギー貯蔵の設置目標を設定している。

日産リーフ（電気自動車）の充電率は220 Vまたは約18 kWで80 Aである。リーフは約24 kWhのエネルギーを貯蔵し、充放電サイクル効率は約85%である。テスラSセダンは約85 kWhを貯蔵し、新しいスーパー充電ステーションでは10～20 kWと120 kWで充電する。

電気自動車は、運転時以外はいつでもどこでも充電できる。運転者が在宅する時は、オフピーク時または太陽エネルギーが豊富な真昼に充電できる。TEビジネスモデルによって、自動車所有者と電力システムに便益をもたらす時間帯に充電時間をシフトできる。車載蓄電池は、太陽光や風力発電からの余剰エネルギーを蓄える便利な場所を提供する。

自動車メーカーは、EMSを自動車に導入し始めている。多くの自動車はインターネット接続機能を備えている。ゼネラルモーターズのオンスターシステムは良い例である（図4-5参照）。現在、このシステムは利用可能である。

定置型蓄電池のディスパッチと同じ方法で、駐車された自動車は車載蓄電池を充放電することができる。電気自動車の所有者が2週間の休暇を取って電気自動車が車庫に駐車されている間に、電力システムとエネルギーをやりとりすることで利益をもたらしうる（暖を取れるので猫にも恩恵があるかもしれない）。

電気自動車の蓄電池は需要家に近い

電気自動車の蓄電池は、ルーフトップの太陽光パネルに近接しているという利点を有する。また、エネルギーの消費地にも近い。エネルギー源、エネルギー貯蔵、エネルギー利用地点間の輸送距離が短いため、輸送時の損失は小さい。

平均的な米国の家庭では、1日あたり約30 kWhの電力が消費される。屋上に太陽光パネルを設置し車庫に30 kWhの蓄電池を搭載した電気自動車を所有する状況は、想像に難くない。太陽光パネルと電気自動車の組み合わせは、将来の配電システムの設計と運用に影響を与え、投資と運用コストを低減させる。

TEビジネスモデルは、エネルギーと輸送サービスを分離する。この自動車の移動能力とエネルギー貯蔵能力を分離して認識する方法によって、電気自動車の配電システムへの連系が可能となる。電気自動車の所有者は、配電システム利用の節約へ貢献することで便益を得る、と考えることができる。

自動車の急速な充放電能力は、適切に管理されなければ、特定地域の配電システムの母線や変電所に大きな負荷を与える可能性がある。適切に管理されていれば、速やかにディスパッチしうる電力量を利用することで、特定地域の電力システムにかかる負荷を軽減することができる。

電気自動車に関連して、信頼度に対する便益も存在する。上記のように、車載蓄電池の容量は、平均的な家庭の日々の電気使用量とほぼ同じである。また、平均の停電時間は数日単位ではなく、数分である。自動車に蓄えられた電気エネルギーは、ほとんどの停電において住宅所有者（やその隣人）をサポートすることになる。長時間の停電の場合には、電気自動車（またはハイブリッド）と太陽光パネルによって、基本的な通信、照明、冷蔵冷凍サービスを提供できる可能性がある。

TE先渡し入札を用いた電気自動車の運用

一例として、電気自動車充電に係るTE運用を説明する。電気自動車の運転手が職場や自宅の充電ステーションに近づいている時、運転手の

iPhoneは運転手のスケジュールを把握している。iPhoneは、車載EMSに対して、所有者が6時間の枠内でフル充電を必要としていることを知らせる。その時点の充電状態では、EMSは、2時間の充電が必要であると判断する。

車載EMSは、充電ステーションと関連しているTEプラットフォームに連絡し、次の6時間の枠内の買い入札を要求する。EMSは24コマの15分枠の電力量の買い入札と、6時間内の充電時の輸送のために24コマの買い入札を受け取る（1時間は15分区切りとなっており、24コマとは6時間×4コマである）。電力量と輸送の入札価格が加わることで、6時間内における各15分で15分ごとの料金で充電される。EMSは自動車を充電するのに必要な最低価格で合計2時間、つまり8コマ×15分を検索する。EMSは、8コマのエネルギーと輸送の取引を受け入れる。自動車が充電ステーションに接続されると、その時間内で最も効率よく充電される。所有者はその6時間内で利用可能な最低コストでの充電が保証されるのである。

一例として付け加えると、車載EMSが充電開始後に6時間内の残りの15分枠で新しい売買入札を受け取ったとする。EMSは新しい情報を入手し、新しい売買取引を行う。EMSは、蓄電池が充電されるまでこれを実行し続ける。EMSは6時間以内に蓄電池を充電し、適切な時間に蓄電池を充放電することによって「利益」を得ることが可能である。

自動車内の自己最適化EMS、クラウドコンピューターまたはiPhoneは、蓄電池の物理特性、電力システム条件、および運転者の好みに対応しながら、充電コストを削減するために絶えず検索する演算能力を十分に備えている。

本節のまとめ

TEビジネスモデルにより、電気自動車の所有者は、充電の柔軟性と分散型エネルギー貯蔵容量の両方の便益を享受することができる。これにより、電気自動車は需要家にとってより魅力的なものとなる。TE ビジネスモデルは、電気自動車の負荷移動機能、エネルギー貯蔵容量や需要に近い立地を生かして、電気自動車を電力システムに連系する。

4.7　信頼度の維持

本節の概要

1. 歴史的には、連邦、州、地方自治体などの「電力システム保護者」は、信頼度を維持するためにアデカシーの保たれた電源を維持する責任がある。
2. DER、マイクログリッドおよび需要家のエネルギー貯蔵の導入が増えているため、集中型の設計はより困難になっている。
3. TE モデルによって、信頼度の判断が需要家の手により多く委ねられるようになる。
4. 電力システムの保護とセキュリティーは、「電力システム保護者」の手に委ねられる。

変動性のある風力・太陽光発電、分散型エネルギー貯蔵、分散型電源、マイクログリッドの普及と家電の自動化は、伝統的な信頼度の定義に課題を突きつけている。データセンター、重要な通信システム、病院、緊急サービスは、通常、電力システムサービスが利用できない場合には、マイクログリッドとしてサービスを継続するために、バックアップ電源とエネルギー貯蔵を利用している。

ハリケーン・カトリーナやサンディーなどの激しい嵐によって、電力システムの信頼度が脆弱であり長期停電が予想以上に頻繁であることが明らかになっている。これは、より多くの需要家が自らの信頼度を高めるため

に、分散型電源とマイクログリッドに注目している理由のひとつとなっている。

伝統的には、電力会社やその規制機関は、需要家の将来の電力使用を予測し、発電、送電、配電、および予備力を確保することで、需要家の需要に対して高い確率（もしくは信頼度）や妥当なコストで応えてきた。

TE ビジネスモデルは、既存の信頼度基準に大きな変更を加えることなしに適用可能である。TE モデルは、需要と供給のアデカシーに関する需要家の自己決定を取り入れている。これにより需要家は、アデカシーコストと非アデカシー性の結果を負うことになる。北米電力信頼度協議会（NERC）の「信頼度」と「アデカシー」の定義は、大規模電力システムのために、「アデカシーの保たれたレベルの信頼度」の概念に進化してきた。この概念により、需要家は、自己運用と価格反応性を介して、どの程度のアデカシーを購入するかを決定できるようになる。

連邦エネルギー規制委員会（FERC）、地域信頼度調整者、公益事業委員会や地方自治体評議会など、現在の「電力システム保護者」の多くは、供給予備力や停電確率の計画を含むアデカシー基準を設定している。ある地域では先渡し容量市場を利用しており、ある地域では垂直統合型電力会社による調達を利用してアデカシーを実現している。

集中型アデカシー設計は、需要家が設置する太陽光パネル、コージェネ、

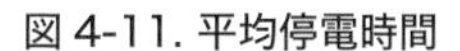
図 4-11. 平均停電時間

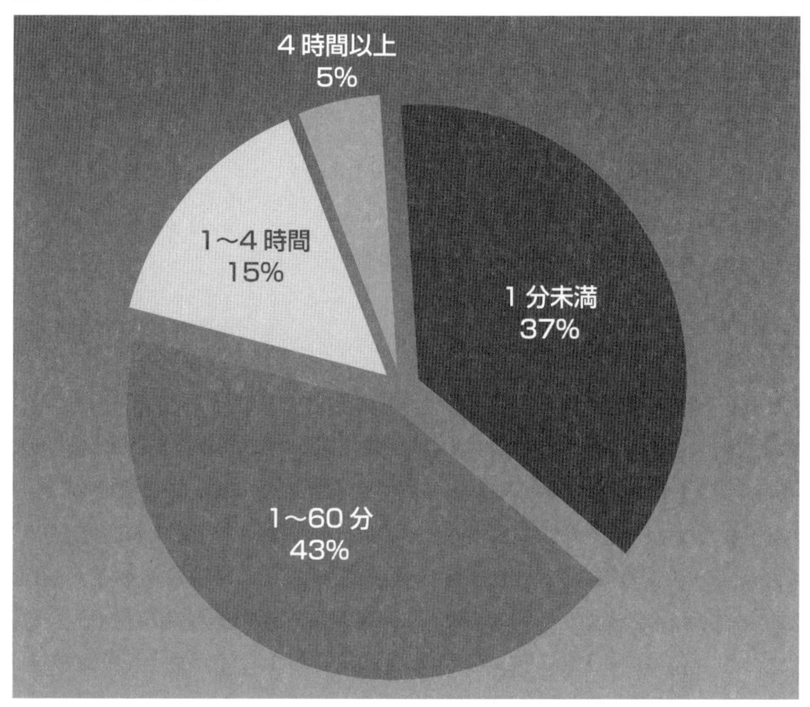

出所：The Cost of Power Disturbances to Industrial and Digital Economy Companies
http://www.epri.com/abstracts/Pages/ProductAbstract.aspx?ProductId=000000003002000476

燃料電池の導入が増えることにより、困難になるリスクが大きくなる。また、スマートサーモスタット、スマート家電、ビル管理システムの普及によっても複雑になる。電力システム保護者が過剰または不足調達を避けることは難しくなる、と予想される。TE の実施によって、多くなるアデカシーの自己決定がサポートされることになる。

TE における輸送の信頼度は、適切な投資と保守点検を行っている送電網所有者と運用者によって管理されている。輸送インフラへのアクセスは、先渡し契約で販売される。スポット入札価格は、信頼度の低い電力システムの過剰利用を防止すると同時に、発電電力量と電力使用量削減のための緊急対策を提供するために、設定されると考えられる。

TEの普及は、需要家がアデカシーの保たれた水準の電力エネルギーを確実に購入できることを保証する。これらの投資は先渡し入札によって先導される。一方、スポット入札は、需要家が現在の電力システム条件に合理的に対応することを確実にする、と考えられる。

本節のまとめ

要約すると、アデカシーは、主にTEビジネスモデル内の需要家の選択の問題である。先渡しおよびスポット取引は、市場の余剰と不足を反映して、その存在が認められている。自家発電、マイクログリッド、スマート家電、スマートな建物を持つ需要家は、アデカシーと信頼度の選択肢をより直接的にコントロールできる。全体として、信頼度、電力システムの保護およびセキュリティーは、信頼度調整者などの電力システム保護者の管理下にある。しかし、TEロードマップ（第6章を参照）は、FERC、NERC、地域信頼度調整者、需給調整機関、公益事業委員会、地方自治体評議会などの現在の電力システム保護者に対して、徐々に発展する継続的な役割を想定している。マイクログリッドには、独自の電力システム保護者が存在すると考えられる。

第5章

なぜ「取引可能な電力」なのか？

本章では、取引可能な電力（TE）のビジネスモデルの利点について議論し、電力市場をTEへ移行させるべきだとする理由を説明する。第一の理由は効率性である。温室効果ガスの排出を削減するには、エネルギー利用がより効率的でなければならない。第二の理由はイノベーションである。ムーアの法則とインターネットの出現により、未曾有の市場革新の可能性が作り出され、TEモデルによって実現できるようになった。さらに、TEモデルでは、公正性と透明性を維持できる。

5.1　効率性の向上

本節の概要

1. （サービスを損なわずに）電気の使用を削減する潜在的な可能性は大きい。
2. 効率化（省エネ）効果は、スマートな投資とスマートな運用の両者によってもたらされる。
3. 先渡し取引を通じて、需要家と生産者は、効率化投資に伴うリスクを軽減できる。
4. 地点別取引は、分散型資源への投資を支えることになる。
5. TEにより、地熱、風力、太陽光およびエネルギー貯蔵の協調した運用が促進される。

我々は、経済効率的な方法で化石燃料への依存を減らす必要がある。再生可能エネルギーに転換し、廃棄物を削減することで、これが実現可能となる。両者はTEビジネスモデルによって実現できるのである。

米国では、エネルギー消費量を削減してお金を節約する絶好の機会が訪れている。系統を通す場合、1 kWhの電力量を消費するために約3kWhのエネルギーを消費する（化石燃料発電所の熱効率は30～50%）。従って、

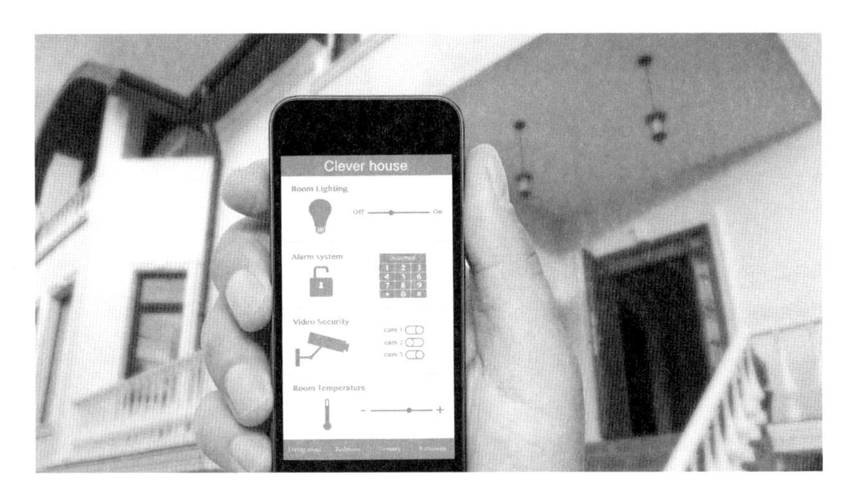

消費電力量を削減することが特に重要である。送電および配電系統を通じた電力輸送により、約7%の損失が新たに発生し、系統負荷が高い場合にはそれ以上の損失が発生する。

ロッキーマウンテン研究所（www.rmi.org/reinventingfi.re）によると、2050年までに建物部門の一次エネルギーの使用量を40%から70%経済的に削減することが可能である。これを実現するには、適切な経済的シグナルが必要である。

ネスト社の学習型サーモスタットの話は、この省エネがいかに達成されるかについての良い例である。最近の「MITテクノロジーレビュー」の「破壊的な（イノベーションをもたらす）50社」という興味深いタイトルの記事によると、家庭の冷暖房のような日常生活に対してシリコンバレーが何をもたらしているかを垣間見ることができる（http://www2.technology review.com/tr50/2013/を参照）。

この記事によると、iPodを考案し、iPhoneの開発に重要な役割を果たしたアップル社の役員であるトニー・ファーデルは、カリフォルニア州のタホ湖の近くに新しい家を建てていた。彼はこのような質問をした。「私の世界への主要なインターフェースが私のポケットにあるもの（iPhone）

なら、この家をデザインするにはどうすれば良いか」と。環境親和性のある暖房・換気・空調（HVAC）システムに適合したプログラム・サーモスタットを選択しなければならないことが分かると、彼は「サーモスタットは一台500ドルで、サイテーで、何もせず、無能だ」とキレてしまった。そこで、彼は自身のサーモスタットを設計することにした。

その結果、新しい「ネスト・サーモスタット」が誕生した。このサーモスタットは約200ドルで売られている。すべての制御システムが使いやすいiPhoneの中にバーチャルにあるので、消費者にとって魅力的である。

「スマートなメーター」に比べればネスト・サーモスタットは天才だ。住宅の所有者が10～15回調整すれば、ネスト・サーモスタットは何をすべきかを理解し始める。いつ建物を暖めるべきか、いつ冷すべきかを予測し始める。

ネスト・サーモスタットは家庭内の人間活動を検出する。午前中の活動が停止してから数分後に需要を調整する。彼らは、人々がすでに仕事や学校に行ったと推定している。サーモスタットがiPhoneからの全地球測位システム（GPS）信号を使用して、家主がいつ帰宅するのかを予測する日も遠くない。サーモスタットは申し分ない温度の家で家主を迎えることになる。

将来を予見することは難しくない。ネスト・サーモスタットは、ネスト・エネルギーマネジメントシステム（EMS）、またはいくつかのデバイスのEMS通信ネットワークに進化すると考えられる。ワイヤレス接続（Wi-Fi）を介して重要な機器間で通信する。住宅内の人間の移動と活動を感知する。家主が離れている場合は、どこにいるのか、どのように動いているのかを知り、気象予測のような外部の情報提供者と情報交換をする。

未来のEMSは、我々の電気需要を時間・日・月・年の時間単位で前もって予測することになる。コストと便益を最適化する方法で、電気の使用と購入が管理される。

効率化（省エネ）効果は、投資と運用の両者によってもたらされる

効率化（省エネ）投資は、リスキーなものとみなされる場合が多い。新しいデザイン、新しい技術、新しい材料が必要とされる。節約効果は不確実であり、長い時間を経過してから実現される。

例えば、照明の節約は投資と運用の組み合わせから発生するものである。我々は効率的な電球を購入する。それは投資である。節約は、我々がどのようにスマートにその電球を運用するかによって左右されることになる。我々は、部屋に人感センサーを設置することによって、部屋に人がいるときだけライトが点灯されるか、あるいは、スイッチを手で上下に押すことで操作する。人感センサーは運用コストを削減することになる。この節約された分は、センサーの購入に足りるのだろうか？　TEは、先渡し入札と取引を利用して需要家にその質問に答える方法を提供する。

先渡し取引により、建物所有者は節約をロックインし、リスクを削減

ゼネラル・エレクトリック（GE）社は、「ジオスプリング」という新しいハイブリッド電気給湯器を導入した（www.geappliances.com/heat-pump-hot-water-heater を参照）。この給湯器はヒートポンプでほとんどの加熱を行う。ヒートポンプは小さな抵抗発熱体によってバックアップされている。

50 ガロン（約 190 リットル）のハイブリッド給湯器は約 1,100 ドルである。年間 365 ドルの給湯費用を節約すると推測されている。この節約はエネルギー省（DOE）の試験手順に基づいて計算された。ジオスプリングは、50 ガロンの標準的な電気式給湯器と比較される。ジオスプリングの 1,830 kWh に対し、標準的な給湯器は、年間 4,879 kWh を消費する。これは、1 kWh 当たり 12 セントという全米平均電気料金に基づいて計算されたものである。

標準的な 50 ガロンの給湯装置への投資は 325 ドルである。したがって、ジオスプリングのユニットは、約 2 ～ 3 年間、余分な 775 ドルを投資として支払うことになる。これは、あなたの運用がこの節約計算で仮定された運用と同じであることを前提としている。もし、あなたのニーズがこの標準と異なる場合は、どうなるだろうか？ これは非常にありそうな問題である。

TE ビジネスモデルでは、iPhone アプリケーション（アプリ）と EMS を使用して、過去の使用状況やその他の情報に基づいて給湯需要が予測できるようになる（図 5-1 を参照）。アプリは TE プラットフォームにアクセスし、そこに先渡しの入札価格情報を使用して節約を見積もる。これにより、効率性への投資のリスクが大幅に削減されることになる。この見積もりを踏まえて、先渡し定量契約から節約される電気を TE プラットフォームでの長期取引で売り出し、投資額を相殺する以上に便益が得られるこ

図 5-1. エネルギー管理アルゴリズム（経済情報と物理機器の運用を調整する）

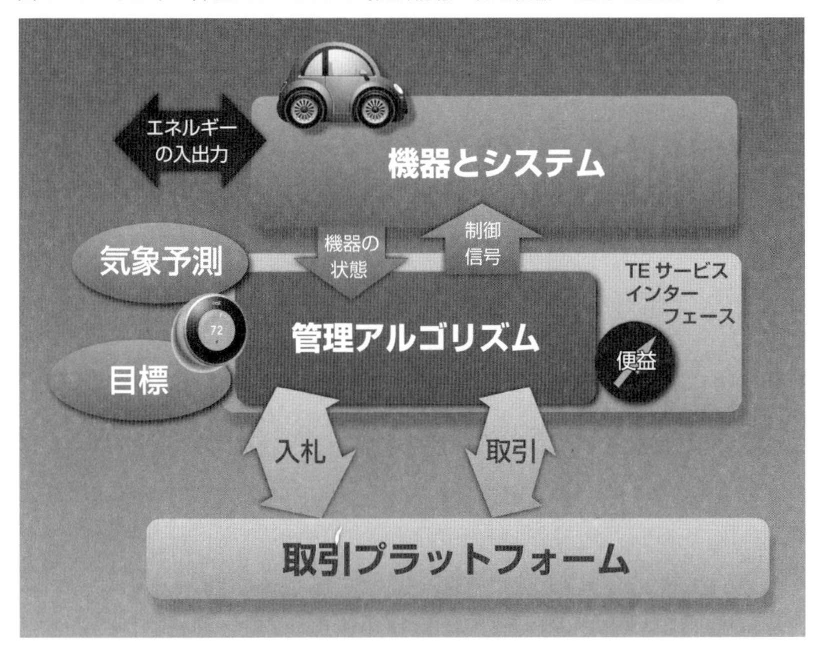

とになる。

スポット取引により、需要家が不意への対処を可能に

一度ジオスプリングが運転されると、EMS と TE プラットフォームにより、新たな節約が提供される。EMS は、スポット取引を利用して給湯器の使用を調整し、予測からの変動を補償する。最も重要なのは、給湯器が蓄熱装置であるため、EMS は先渡し入札価格が低い場合やマイナスの場合には水を加熱し、価格が高い場合は水を加熱しないようにすることができることである。 EMS は、所有者のニーズを満たすための温水が充分に確保されていることを保証しながら、これらの取引を行うことができる。これにより、投資の回収ができないというリスクが軽減されるようになる。

これにより、エネルギーの利用が低コストの風力と太陽光がある時間帯にシフトしていき、化石燃料の利用が避けられるようになる。

本節のまとめ

TE ビジネスモデルでは、先渡しおよびスポット取引を使用して、電力経済システム全体の投資および運用決定が協調される。効率性は、デバイス・建物・近隣および地域のレベルで協調される。

リスクマネジメントと運用の節約は、電力経済システムの全体にわたって行われる。その結果、建物の効率が大幅に向上し、生産者としても消費者としても両者の投資が削減されることになる。エイモリー・ロビンスは著書の『新しい火の創造』でこう述べている。

「ほとんどの人にとって、電力サービスは、フォード自動車の初期のモデル T を買うのに似ているところがある。色が黒である限り、どの色でも選べる。

しかし、このような受け身の電力消費は、大きく変わる寸前にある。情報技術（IT）と、IT と電力供給網とを一体化するスマートグリッド技術が、双方向制御、分散化された情報収集、どこでも入手できるリアルタイム価格情報、そして、需要応答（デマンドレスポンス）を可能にさせようとしている。このような新しい技術は、需要家と、新旧のプロバイダー（電力供給と関連サービスの提供事業）に対する新しい価値を取り込む事業機会を創り出そうとしている。例えば、自動制御は、気づかれないうちに価格シグナルに反応し家電の利用を調整し、ちょうどATMとインターネットが銀行事業でやったように、無理矢理にではなく、また、ほとんど経験がなくても、需要家がコストを最小化するのを可能にしてくれる。」

エイモリー・ロビンス，ロッキーマウンテン研究所：『新しい火の創造』ダイヤモンド社（2012 年）401 402 ページより引用

TEのビジネスモデルは、エイモリー・ロビンスが描いた未来の実現である。これは、ロッキーマウンテン研究所が建物の電気使用量を40～70％削減するという予測が実現するかのカギとなる。

5.2　さらなるイノベーション

本節の概要

1. TEのビジネスモデルは以下のことによって、イノベーションを促進する。
   - すべてのプレーヤー・小売り業者・卸売り業者に投資のリスクを軽減
   - 透明で予測可能で実現可能な価格を全員に提供
   - 新たなサービスと技術を活性化
2. 以下の目的のため、電力経済システムの全体にイノベーションが必要である。
   - 効率性向上
   - 化石燃料の依存軽減
   - コスト削減

ムーアの法則とインターネットは電力市場に革命を引き起こすことになる。計算・接続・通信の進歩によって、スマートグリッド・パラダイムというイノベーションが可能になった。TEビジネスモデルによって、イノベーションの新たな機会が開かれている。需要家と生産者が、先渡しとスポット取引を利用して投資と

運用の意思決定を整理するようになると、イノベーションは必ず花開く。
マッキンゼーグローバル研究所は、2025年に向けた破壊的技術（disruptive technologies）の便益に関する調査を発表したばかりである。そのトップに立っているのは、モバイルインターネット、ナレッジワークの自動化、モノのインターネット（IoT）、そしてクラウド技術である（「破壊的技術：生活、ビジネス、および世界経済を変える進歩」www.mckinsey.com/insights/business_technology/disruptive_technologies を参照のこと）。TEモデルでは、これらの技術が電力に応用される。エネルギー貯蔵と再生可能エネルギーも、マッキンゼーのトップ12の破壊的技術リストに含まれている。エネルギー貯蔵と再生可能エネルギーの成功は、リストの上部にある（他の）項目に依存する。
1 kWhあたりが単一料金となっている現在では、需要家にとって、スマートな電気製品を購入し、EMSに投資するインセンティブが減少している。結果として、メーカーが双方向通信機能を有する機器や装置を発明して提供するインセンティブはほとんどない。これらの装置はやや高価である。規模の経済を利用することによってコストを削減できるため、メーカーは市場の発展を期待している。
TEモデルは、イノベーションと破壊的技術のためのインセンティブを導入し、エネルギー効率、エネルギー貯蔵、分散型エネルギー資源（DER）や再生可能エネルギーを促進する。イノベーションへの影響の大きさは、TEがどのくらい実行されるかに左右されることになる。
TEモデルでは、小売り需要家は大手発電事業者と同じようなことを行うことができる。需要家は、電力システムに先渡し取引で売電することができる。取引は簡単かつ自動的である。需要家と発電事業者は同じTEプラットフォームに接続し、同じ言語でやり取りする。
市場の誰もが先渡し取引を利用することにより、リスクを軽減する新しい方法が可能になる。大手発電事業者にとって、先渡し取引で投資リスクを軽減するのは、日常茶飯事である。例えば、株式会社XYZがカリフォルニア州の砂漠に新しい太陽光施設を建設したい場合は、まずはパシフィック・ガス・アンド・エレクトリック社、サザン・カルフォルニア・エディソン社やサンディエゴ・ガス・アンド・エレクトリック社と交渉し、（今後20年間にわたって）特定の価格で契約して電気を購入してもらう。

XYZの先渡し取引は投資リスクを大幅に軽減する。その結果、彼らは投資家を募集し、より低金利でローンを組み、利益を増やすことができる。税金の抜け穴、またはリスクマネジメントを軽減する方法があれば、洗練された発電事業者は、それらを見つけることができる。TEモデルでは、小売需要家は大手発電事業者と同じスマートなアクセスを持つことになる。

大手卸売り電気事業者は、今後のいくつかの15分間ごとのスポット入札価格を知っているため、その設備を有利に運用することもできる。彼らは、火力タービンを稼働させたり、貯蔵装置を充電したりすることが有利な時間帯を知っている。TEが実行されれば、需要家は同じ情報を入手することになる。彼らのスマートなサーモスタット、またはスマートな電気製品は、電力経済システムにわたって、いかに有利に運用するかを知るようになる。

我々はサービスと技術のイノベーションの時代に立っている。TEビジネスモデルにより、取引プラットフォーム、仲介業者、マーケットメーカー（値付け業者）とEMSシステムの構築が促進される。新たなスキルと専門知識を有する新しい人材が、電力市場にイノベーションを引き起こそうとしている。

市場シグナルが利用可能であれば、革新的な方法で提供できるサービスが多くあるのは確かである。エイモリー・ロビンスは、自身の著書『新しい火の創造』で、「…自動制御は、気づかれないうちに価格シグナルに反応し家電の利用を調整し、ちょうどATMとインターネットが銀行事業でやったように、無理矢理にではなく、また、ほとんど経験がなくても、需要家がコストを最小化するのを可能にしてくれる」と述べている。言い換えれば、TE ビジネスモデルとその技術は、ATM とインターネットが銀行で行ってきたことを電力市場で行うようにする、ということである。

本節のまとめ

イノベーションは、安定性、公平性および透明性によって支えられる。これらは起業家を奨励するカギである。TE モデルによって、現在のトップダウン型で集中型の複雑なコマンド制御のシステムと比べて、より多くの安定性、公平性および透明性が提供される。

TE モデルでは、短期的および長期的ルールは明確かつ透明的である。これによって、起業家の迅速な意思決定が促され、正しい行いに報酬が与えられるようになる。リスクが低いほど、起業家がより多くのチャンスを追求することになる。

TE によって、投資リスクが軽減され、意思決定者により良いコスト情報が提供されることで、イノベーションが促進されるようになる。先渡し取引により、生産者と需要家の投資リスクが同様に軽減される。スポット取引により、起業家はあらゆる種類のスマートなデバイス（家電、エネルギー貯蔵装置、ビル EMS、工業プロセス制御）を開発するインセンティブが提供される。TE によって迅速な意思決定が促され、正しい行いに報酬が与えられるようになる。

効率性の向上・コストの削減・化石燃料への依存の軽減には、イノベーションがカギである。TE 以上にイノベーションを支持するビジネスモデルは、想像するのも難しいものがある。このモデルにより、小規模および大規模な需要家は、小規模および大規模な生産者と公平な土俵で取引できるようになる。

5.3　より高い公平性

本節の概要

1. TE は公平な土俵を提供する。小規模のプレーヤーは、大規模なプレーヤーと同じ市場アクセスが与えられる。
2. エネルギーと輸送サービスが分離される。需要家は、必要なものを支払って利用する。
3. TE モデルは、カリフォルニア州の料金制定の目標を満たしている（他の地域でも同様である）。
4. カリフォルニア州では、公平な料金設定という目標と、貧困層や障害者への電力サービスの確保という目標が、明確に分けられている。

TE ビジネスモデルは、すべての技術に公平な土俵を提供する。発電や節電のすべての方法は、その種類・技術・規模・場所・所有権にかかわらず、公正に競争することができる。この可能性は、料金設定者やステークホルダーの長年の夢であった。

需要家は自分で選んだ事業者から直接電気を買うことができるし、例えば「グリーン」な電力や、それ以外のものなど、好きな発電方式があれば、それを購入することもできる。イベント取引プラットフォームの「スタッ

ブハブ」に、自分が野球場のどこの座席を選びたいかを伝えるのと同じくらい簡単である。

すべての技術が公正に競争する。電力供給者が合意した入札と取引によって、火力タービンかスマートな電気製品かなど、技術の運転特性が考慮される。

TE 商品とは、所定の場所におけるある期間に受け渡しされる電気の単位である。もちろん、再生可能エネルギーのような特定の発電タイプの取引でない限り、どのように発電され、貯蔵されたかは問題ではない。

場所の相違は、輸送取引で考慮される。分散型エネルギー資源は、需要家の近くにある場合、輸送料金が少なくて済む。需要家が電力供給者の近くにいる場合、輸送料金は少なくて済む。

TE モデルでは、電力公社によって提供される電気は、民間電力会社またはプロシューマーによって提供される電気とまったく同じように扱われる。発電と輸送のオーナーシップは分離されているので、発電者と輸送業者は公正に競争できる。発電コストは輸送コストの中に隠すことはできず、その逆も同様である。

カリフォルニア州は公平な料金を保証

カリフォルニア州では、電気料金制定（価格設定）の目標は、政策目標を達成しつつも公平かつ手頃な料金を確保することである。

カリフォルニア州の料金制定には、以下の５つの一般原則がある。

1)料金の設定は限界費用に基づくことが望ましい。

2)料金の設定はコスト因果関係の原則に基づくことが望ましい。

3)料金は節電を奨励し、ピーク需要を減らすことが望ましい。

4)料金は、安定性、シンプルさ、需要家の選択肢を提供することが望ましい。

5)料金は、経済効率的な意思決定を促すことが望ましい。

TE モデルはこれらの原則と完全に一致している。TE モデルのスポット取引は、発電・貯蔵・輸送の限界費用を反映している。スポット取引価格もまた、電力不足や送電混雑の場合には、発電コストを上回って設定する。

投資および運用コストは、先渡しおよびスポット取引によって回収される。TE モデルは、需要を高料金期間から低料金期間にシフトさせることによって、節電とピーク需要の削減を促す。

先渡し取引により、電力システムに安定性がもたらされる。TE モデルはシンプルであり、需要家に究極な選択肢を提供する。小売り需要家は、大口産業需要家と同じ公平な土俵でプレイする。

TE モデルによって、投資判断のリスク（したがって、コスト）が軽減される。TE では、状況がどれほど複雑であっても、発電と節電の合理的な取引が促進される。

低所得者補助金

カリフォルニアなどの一部の地域では、議会や他の団体が、低所得の需要家に対してより低い電気料金の提供を義務付けている。この考え方のメリットについてここでは議論しないが、kWh 当たりの料金を引き下げることによって、より効率的にそして電気料金が最も安いときに電気を使用する、という需要家に対するインセンティブが低下することになる。

補助金は、TE モデルで実施することができる。1 つの方法は、一部の需要家に、彼らの電気使用パターンに従って、割引された月額費用で定量契約してもらうことである。もし低所得の需要家がそれほど電気を使っていない場合は、EMS システムは、現在の入札価格で余分な電気を自動的に販売し、需要家に支払うことになる。もし需要家がより多く電気を使用する場合、需要家は現在の入札価格を支払うことになる。また、需要家がよりエネルギー効率の高いエアコンを購入すれば、その投資費用は、長期定量契約の一部を先渡し価格で売ることによって相殺されることができる。このようにして、公平性と節電が達成できる。

本節のまとめ

要約すると、TE モデルは、カリフォルニア州の料金制定のすべての目標を満たしている。TE モデルによって、先渡しおよびスポットの入札と取引を利用し、電力経済システム全体にわたる投資および運用の意思決定が協調される。実行するには洗練された通信情報技術（ICT）が必要とされているが、そのコンセプトははっきりとシンプルである。

5.4　より高い透明性

本節の概要

1. TE のルールはシンプルで分かりやすい。
2. 現行の料金設計は複雑である。
3. 現行料金は需要家と生産者にとって理解しにくい。
4. 現行のビジネスモデルのままでは、料金設定がシンプルになることはな

い。

現在、電気料金の設定方法は複雑で混乱している。民間電力会社は、通常、多くの料金プランで需要家に課金している。カリフォルニア州のパシフィック・ガス・アンド・エレクトリック社では、料金表に70以上の電気サービス料金設定がある。

「フル需要料金」(full-requirements tariff) は、毎月使用量の増加に伴って値上げするブロック価格で課金し、さらに、時間別料金制度や固定月額基本料金と組み合わされているため、需要家にとって理解しにくい仕組みである。ピークデマンド料金 (demand charge)、固定基本料金と組み合わせた時間別料金制度は、需要家が運用するのに難しい［訳注4］。場合によっては、15分間隔での電気使用量により、需要家への月または年全体の請求が増加させられることがある。動的価格設定情報、イベントベースのデマンドレスポンスとネットメータリングは、他の料金に追加される場合が多い。

TEビジネスモデルでは、これらの複雑な料金の必要性が排除され、単一の「有効料金契約」に置き換えられる。電力会社や需要家それぞれの間、またはこの2つのプレーヤーの間など、任意の双方間のすべての取引に適用される。エネルギーと輸送は2つの商品として、別々に扱われる。

このシンプルな有効料金契約では、買電または売電の価格や電気量は明示されていない。これは、単純に商業的な合意である。というのは、売り手は、合意された地点および期間に取引された電気を引き渡すという合意を実行する予定であることを、取引ごとに表明している。買い手は、引き渡しを受け取り、合意された取引コストを売り手に支払うことに同意する。有効料金契約には、支払いおよびクレジット、任意規定がある。

TEでは、誰もが同じ明確なルールの下でプレーする。もしあなたが電気を必要とする場合、売り手の入札を受け入れるか、あなたのニーズを売り手が受け入れてもらうように、入札にかける。あなたが発電をしている場合、売電のために入札を募る。あなたが価格と販売電気量を設定するか、買い手の入札を受け入れる。入札があなたの期待通りにうまくいかなければ、同じ簡単なルールに従って調整を行う。TE プラットフォームに関連する仲介業者はあなたを支援してくれる。

ほとんどの分単位の意思決定は、自動エージェントがあなたの代わりに行うことになる。エージェントは住宅・家電製品・車・オフィスビルに埋め込まれる。あなたは、料金表と戦い理解もできないものに頷く必要はない。自分の希望さえ EMS に伝えればエージェントが賢く代行してくれる、と確信すればよい。これは、「設定し、あとは忘れろ」ということである。

これはスタッブハブを使って野球のチケットを購入すると同じようなものである。スタッブハブに要望と希望価格を伝えれば、スタッブハブは洗練されたアルゴリズムを使ってすべてのオプションを並べ替えてから、あなたにとって最もお得な情報を提供してくれる。これは光速で行われる。

入札および取引に関するデータ

TE プラットフォームのデータベースは、電力システム内のすべての取引に関する情報を保有する。規制機関は、このデータを利用することによって、規則が守られて経済的虐待がないことを保証することができる。個人情報の厳格な保護の上、経済学者は、データにアクセスして電力システムの効率性と安定性を研究することができる。データベースは研究者にとって膨大な研究リソースになると考えられる。

誰もが共通のプロトコルを使用するため、誰もがお互いに事前に知り得る同意された価格と電気量にて、他者と取引することができる（第３章を参照)。

本節のまとめ

透明性は意思決定の基本である。それは信頼の重要な要素である。需要家と生産者が直接関与したくない場合もあるが、意思決定がオープンでありルールとプロセスに従っている、という確約を誰もが望んでいる。

TE モデルは、3つのレベルで非常に透明なシステムの可能性を提供してくれる。透明性の1つ目のレベルはシンプルさである。現行の料金システムよりも TE モデルは簡単であり、はるかに適用性がある。透明性の2つ目のレベルは、生産者と需要家の間のすべての取引データの入手可能性である。透明性の3つ目のレベルは、プレーヤーの間で支払いに共通のプロトコルが使用されることである。

訳注４：フル需要料金（full-requirements tariff）とは、需要家が電気使用量の全量を電力会社より購入する場合、支払われる料金のことである。基本的には、固定基本料金、電気量料金、ピークデマンド料金などにより構成される。フル需要料金に対し、待機料金（standby rates）がある。待機料金を支払う需要家は、太陽光発電など自家発電設備があるため、電力会社より部分的な電気のみ購入する。補足電気料金・バックアップのための電源・メンテナンスのための電源・設備容量料金等が待機料金に含まれている。

第6章

いかにして TEモデルへ移行するか

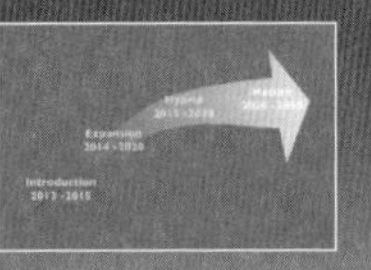

本章では、カリフォルニア州を事例に、取引可能電力（TE）ビジネス・規制モデルへ円滑に移行するために必要な行動の概略を述べる。カリフォルニア州は世界で12番目に大きな経済規模を持ち、持続可能な電力システムへの移行の流れの前線に立っており、世界が見習うべきモデルを提供できる。

今日の法的に強制された固定料金モデルから、TEビジネス・規制モデルへの移行を達成するためには、いくつかの重要な段階を踏む必要がある。

1)政策決定を適切に形成し、適切な人々に関与させる。
2)TEモデルへの移行を監督し可能にするために、準独立的な「管理委員会」［訳注5］を設立する。
3)新しい手順とシステムを開発するために、試験的なプロジェクトを実施する。
4)需要家や民間電力会社などの利害関係者への影響を低減させる措置を講ずる。

図6-1に示すように、筆者らは、TEモデルがある問題への解決策を提供するような地域で、試験的なプロジェクトから移行を始めることを想定している。その問題とは、分散型の蓄電資源や電気自動車を電力系統に連系すること、あるいは変動する再エネ・負荷・従来型電源に柔軟に対応するための負荷を調整することである。また、そのような試験的なプロジェクトは、過度に複雑な電気料金への1つの対応であり、またものごとはよりシンプルで透明性のあるものにできることを示す事例である。

試験的なプロジェクトは純粋なエネルギー経済システムから発生するも

図6-1. カリフォルニア州におけるTEの実施の過程

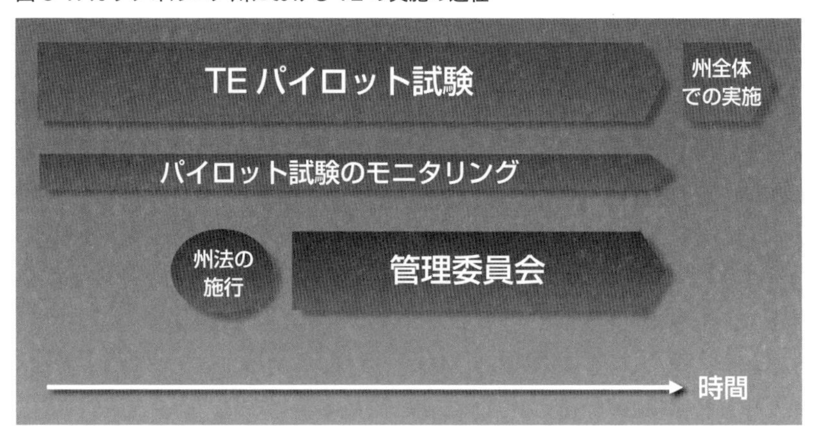

のなので、関連法整備を待つべきではない。カリフォルニア公益事業委員会（CPUC）、カリフォルニアエネルギー委員会（CEC）、連邦エネルギー省（DOE）等は、これらの試験的なプロジェクトを資金的にもバックアップできる。プロジェクトを通して得られたデータは、政策変更のために必要となる生データを提供することになる。

初期の大規模な試験的なプロジェクトは、民間電力会社、地方自治体、大学のキャンパス、または軍事基地で展開されるだろう。サンフランシスコ市やマリン郡は、地域のユーティリティーであるパシフィック・ガス・アンド・エレクトリック（PG&G）社以外の提供者と契約したがっている。これらの市の住民は、TEモデルを用いれば、需要家を含むさまざまなエネルギー供給者と契約することができる。

さまざまなマイクログリッドがカリフォルニア州で出現し始めている。これらのうちいくつかは、系統設計、建設、運用を上手くコーディネートするためにTEモデルを採用する可能性がある。

カリフォルニア州の大半のエリアでは現在、民間電力会社が、住宅用・商業用の消費者へ、エネルギーと輸送の両方のサービスを提供している。商業・産業部門の一部の大規模需要家は、既に他の供給者からサービスを

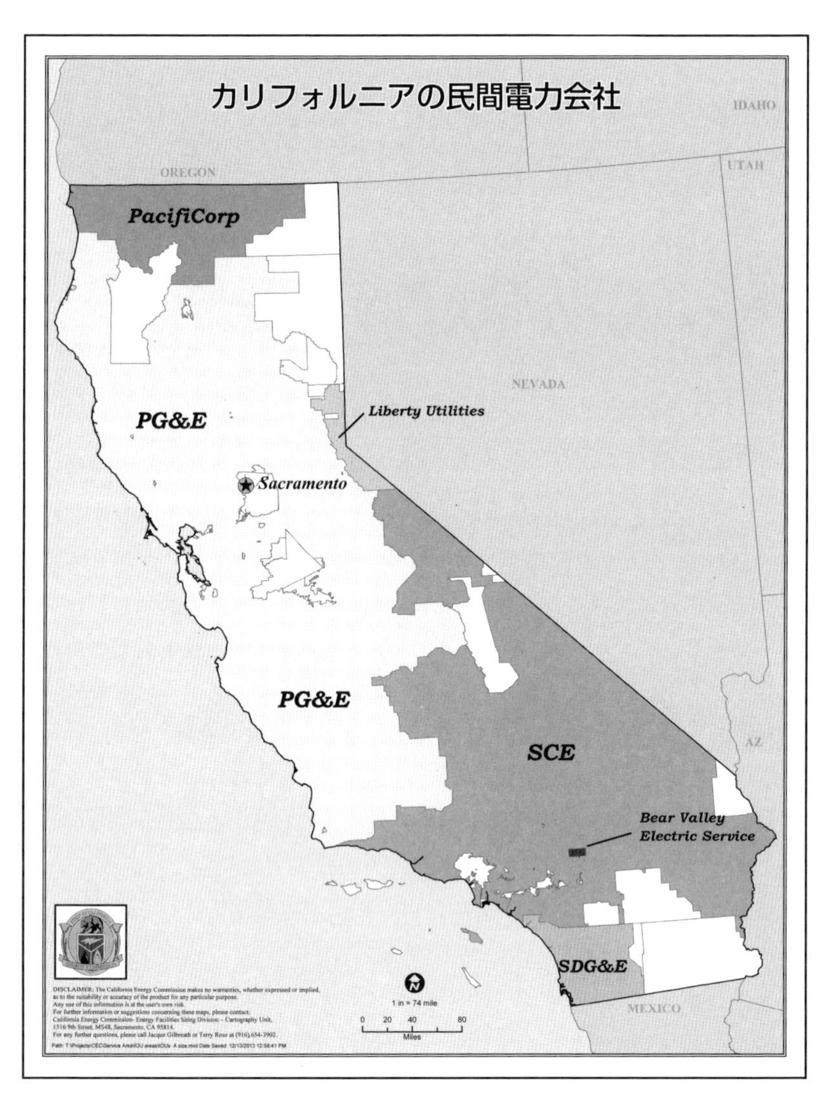

直接購入することができるが、依然として民間電力会社に対して配電サービスの対価を支払っている。

州法の制定は、以下の点で望ましいことになる。

1）**準独立的なTE管理委員会の設立**：準独立的委員会は、他の政策の実行に伴って、カリフォルニア州において成功裏に行われている。例えば「ブルーリボン・タスクフォース」は、海洋保全ネットワークの設立の際に初めて作られた委員会である。選挙区改定市民委員会もまた、選挙区改定を監督するために設立されたものである。

2）**管理委員会に、州レベルでの単一の料金モデル導入に関して、その管理を命じる**：その料金モデルは、あらゆる市場参加者が、エネルギーと輸送サービスを小売りの取引をする際に適用できる。管理委員会の決断は、適切な科学的知見とすべての利害関係者の利益に基づくこととなる。管理委員会は、すべての需要家がエネルギーと輸送の取引に直接アクセスするようになるタイミングについて、調査し勧告を行う義務がある。委員会は、標準TEプラットフォームとプロトコルを合衆国全体で導入する際の段階的なスケジュールについても、提案することが望ましい。州議会が必要な行為を定めれば、電力システムは、それ以上の介入なしに移行に向かうことになる。公平で透明な方法によって、自己の利益を追求する複数のプレーヤーが、効率的な電力経済システムを推進することになる。

規制機関による管理は必要である。配電サービスの所有者に対してはCPUCが、送電サービスと発電卸売に対しては連邦エネルギー規制委員会（FERC）と北米電力信頼度協議会（NERC）による。CPUCは小売りTE取引を管理し、卸売りTE取引はFERCが管理することになる。

本章の内容

以下、本章では以下のような項目について詳細に論じる。

1）TEモデルの実施に必要な法律の制定

2）ステークホルダーへの影響（ほとんどはよい影響であるが、潜在的な負の影響を低減することもできる）

3)ロードマップ（それぞれの段階での詳細なステップ）
4)管理委員会

カリフォルニア州の電力市場を、効率的で公平で透明性のあるシステムにすることは可能だろうか？　「可能である」と答えるに十分な多くの理由がある。TE モデルに移行すれば、効率的で環境親和性のある理想的な電力システムへの実現に向けて大きく前進する、と考えられる。重要なことは、カリフォルニア州でこの移行が達成された暁には世界全体へ模範を提供することになる、と考えられるという点である。

6.1　州議会の意思決定

本節の概要

1. カリフォルニア州が TE 事業および規制モデルに円滑に移行するためには、さまざまな意思決定が州議会によってなされる必要がある。
2. 上記の意思決定には、以下のようなものが含まれる。
   - TE モデルへの移行を完了するためのスケジュールはどのようなものか。
   - 移行過程を管理するための管理委員会を設置するか。
   - 管理委員会の裁量はどこまであるか。
   - 必要な予算をどうやって調達するか。

州議会の意思決定によって、重要な行動についての市民対話や、研究および情報収集が促進される。この節では、TE モデルを実施するためにカリフォルニア州議会によって下されるべき意思決定に関して述べる。

ここで筆者らは、カリフォルニア州が現行の民間電力会社中心の事業・規制体制から TE モデルへ移行するために、州議会が担う一連の役割について提案する。

現行の制度では、法的に規制された複雑な料金体系が利用されている。どの民間電力会社もおよそ70種類の料金体系を持ち、非常に複雑になっている。直接負荷制御（DLC）、特定の条件で発動するデマンドレスポンス（DR）、ネットメータリング制度などが料金体系に組み込まれていることも多く、複雑さを増すのに一役買っている。他方で新しいTEモデルによって、先渡し・前日市場取引を用いて投資と運用の意思決定が協調できる。これは需要家にとっては理解しやすく、資金の節約にもなる。

事業・規制モデルの変更は大きな目標であり、一夜のうちになしとげられるものではないが、適切な立法によって、速やかに混乱なく達成することができる、と筆者らは考えている。カリフォルニアの卸売り市場は、既にTEモデルに近いものとなっている。以下で述べる州法の整備により、小売り市場がTEのコンセプトにより近付けることができる可能性がある。

筆者らは、TEモデルへの移行を、地方自治体が所有・運営する電力公社に対してまで提案しているわけではない。それは電力公社が一層の議論を通して決断する話である。民間所有でない電力公社はカリフォルニア州でおよそ300万人の需要家を抱えている。そのような公社はしばしば、卸売り市場で先渡し・前日取引に参加している。筆者らは、TEモデルの実

図 6-2. 州政府の意思決定

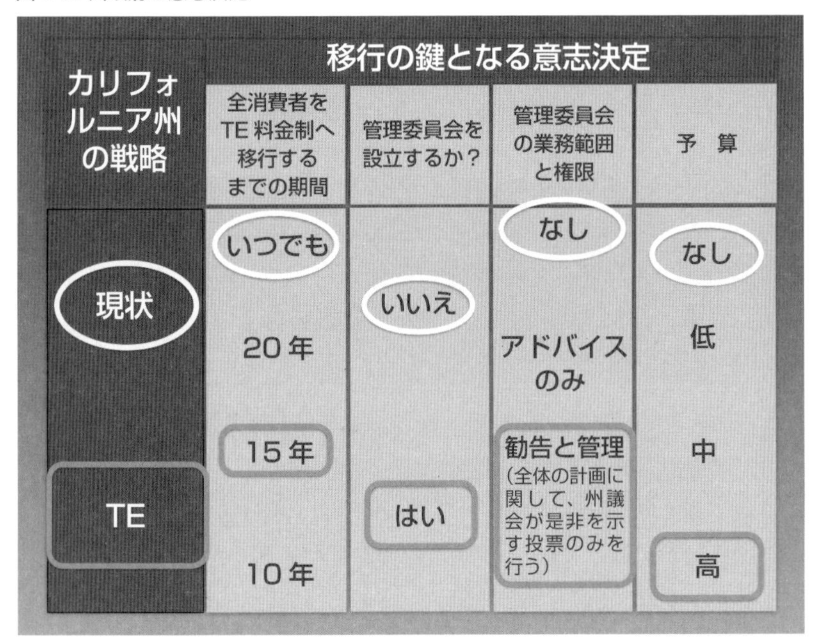

行により、電力公社も需要家も大きな便益を得るようになることを確信している。

TE への移行戦略

筆者らが提案する戦略は、図 6-2 に示すように、需要家が TE 料金制に切り替えるまでの期限の設定、管理委員会の設立、委員会の負う責任の範囲の明確化、委員会の予算規模の策定の 4 点からなる。白い円で囲まれた項目は現状の戦略を示し、灰色で囲まれた項目では TE のための戦略が描かれている。

実施のタイミング

例えば、1999年に海洋生命保護法（MLPA）が州議会を通過した際は、カリフォルニア州議会は漁業狩猟局に対し、海岸に沿って海洋保護区を指定するように命じ、11年かけて保護区が完成した。2009年に投票区域の再編をする際にも州は同様の方法を用いている。

筆者らは、TEに対しても、州は同様のアプローチをとるべきだと考えている。州議会は明確な目的を定め、責任を具体化し、移行が完了する期限を設けるべきである。移行が完了するまでの期限には、変化の起こるペース、マイルストーン、必要とされる予算なども反映させるべきである。

TEへの移行は、標準的なTE式料金制を採用する小売り需要家の数または比率で決定できる。これはシンプルで観察可能な指標である。

筆者らは、10年から20年の間にTEモデルを完全に実行することを目的とすべきだと考えている。標準的なTE料金制の下でも、固定価格料金制や低所得者層向けの割引サービスも利用可能となる。移行が早ければ早いほど、便益も早期に得られることになる。

管理委員会

MLPA法の施行に続いて､「ブルーリボン・タスクフォース」が設置され、州政府に対してネットワークデザインについての勧告が作成された。このタスクフォースにより、多くの専門家や多様なステークホルダーが参加する市民レベルの議論が主導された。

近年、リトル・フーヴァー委員会（カリフォルニア州政府および経済界からなる委員会）は、「州知事および州議会はエネルギーガバナンスを最新のものにするための計画をつくるべきである。エネルギー・環境上の多くの政策課題を達成し、非常に高くつく失敗のリスクを減らすためには、組織再編が究極的には必要になる」と勧告した。

リトル・フーヴァー委員会はさらに州政府に対し、「エネルギー省長官のポストを創設し、州知事と連携すること、そしてすべてのエネルギー政策の決定を1つの機関もしくは委員会に委ね、エネルギー省長官がその組織の長もしくは議長として務める」ことを強く考慮するように勧告した。この組織再編の実施期限は2014年12月であった。

TEの管理委員会は、ここで勧告された組織構造によく合致できるものと考えられる。エネルギー省長官はTE管理委員会の議長になる。委員会の使命や他の委員メンバーの選出方法は、州議会を通して具体的に定められることになる。

政策形成を成功させるためのカギは、透明性と、ステークホルダーの参加を確保することである。MLPA法や選挙区改定のケースは、その点をどのように達成したかを学べる良い事例である。

管理委員会の権限と業務範囲

エネルギー政策はカリフォルニア州では熱心に議論されている論点である。議論はCPUC、カリフォルニア州独立系統運用機関（CAISO）、CEC、州知事室、そして州議会へも及び、ロビー活動も活発である。多くの消費者・環境・産業・電力団体がこのロビー活動に参加しているが、非常に多くの込み入った手続きとコストの前に、多くの参加者が圧倒されている。その上、州知事、州議会、ロビー団体が決定に関与し、結論を出すまでの過程は不透明でもある。政策の決定と議論の結果は、政治力を持っている人々にとって常に都合のいいものになるとは限らない。このことはカリフォルニア州議会のAB1890法案［訳注6］の結果を見れば明らかである。

管理委員会の業務範囲と権限を定義する選択肢は2つ

管理委員会の業務範囲と権限を定義する選択肢は2つある。1つ目の方法は、技術的な分野の専門家とともにすべてのプレーヤーの声を反映した計画を作成し、計画の実行を命じ、結果をチェックし、民間電力会社や小売り需要家がTEモデルに移行するための調整を行う、といった権限を管理委員会に認めることである。州議会の役割は、管理委員会の作成した計画に賛否を示す動議を採り、公益事業法の変更を承認するだけとなる。

もうひとつの選択肢として、管理委員会は単に助言を行うのみで、州議会が実行の委細について決定するという方法も考えられる。

筆者らは前者の選択肢を推奨する。なぜなら、エネルギー政策の政治力学は非常に厄介で、州議会に裁量を持たせた場合、AB1890法案のときのように失敗に至ることもあるからである。

予算

管理委員会は、決定を行い実行に移すための予算を必要とする。管理委員会は、コンサルタント、契約者などのスタッフを雇うための人件費とその他経費を必要とする。委員会はプロジェクトをモニタリングし、市民の参加を促進し､対話活動を支援する。パイロット事業のための資金調達は、民間電力会社やCPUCを通じて行うことも考えられる。

MLPA法の実施にはおよそ2500万ドルを要し、それは公的および民間資金から賄われた。選挙区改定にはおよそ700万ドルを要したが、関係者によると、実際はかなり不足していた。どちらの事例でも公共部門と民間部門からの資金源を合わせて資金が集められた。TEを実施するための正確な予算額は、その業務範囲と事業・規制モデルへの移行の時期に依存する。

これらに必要なコストは、現行の規制体系に要するコストに加え、もし移行が遅れた場合に失われることになる機会費用と比べるべきである。MLPA法や選挙区改定の両者が成功だとみなされている点は重要なことである。両者とも当初の予定通りのスケジュールで終了している。

本節のまとめ

最善の成果を出すために、TE事業・規制モデルを州全体で実施するときの意思決定は、カリフォルニア州議会によってなされる必要がある。移行のスピードは、MLPA 法や選挙区改定がそうであったように、州議会によって決定されることが望ましい。州議会はまた、管理委員会の業務・組織構造・予算を具体化する必要がある。

改革の焦点は、小売り料金体系について、法的に規制された固定価格料金制から先物市場・スポット市場での取引に基づいた方式に変えることにある。州議会は、改革の意図が電力サービスと輸送サービスの分離にあることを明確にすることが望ましい。

最終的な目標は、効率性を改善し、小規模投資家の投資リスクを減らすことで、エネルギーサービスの価格を下げることである。省エネと再エネへのシフトは低炭素化をもたらすことになる。

現行のエネルギーシステムは過度に複雑であり、需要家や分散型電源事業者に、社会的な目標に適合した形で投資・運用の決定を行うための情報を提供していない。

民間電力会社は、自家発電の増加に伴う収入の減少に直面しており、自身のビジネスモデルの将来にわたる持続可能性が危機にさらされていることを懸念している。需要家は、理にかなったコストで電気を調達したいと考え、電気を自給するか他者から購入するかを選べる権利も欲しいと考えている。自家発電を行う消費者は、余剰分の電気を公平な価格で売れる選択肢を欲している。

カリフォルニア州は分散型電源、エネルギー貯蔵、太陽光、風力発電技術が普及する政策を実施している。これらの政策を成功させるためには、運用と投資の調整、プレーヤー間の契約上の義務の確立が必要である。TE モデルによって、全てのプレーヤーが便益を得ることができ、州規模でイノベーションを促進するシステムの実現が約束される。

6.2　ステークホルダーへの影響

本節の概要

1. 需要家の選択肢はより多くなり、リスクはより少なくなる。
2. 民間電力会社は、変革を起こし、機会を捉え、株主の利益を守るという能力が試される。
3. この移行により、最初はあるプレーヤーにとって最適とはならない可能性もある。管理委員会は、負の影響を低減させるための責務を担う。

最終的には、需要家や一般市民は、TEシステムによって良い状態となる。投資・運用判断の改善によって、効率性が向上する。先渡し取引を用いることで、すべての需要家と生産者のリスクを減らすことが可能となる。

ロッキーマウンテン研究所の推計によると、今後35年間でアメリカの建物の効率性を改善するだけで、割引現在価値（NPV）で1.9兆ドルの節約になる。この目標を達成するための費用は0.5兆ドルと見積もられている。カリフォルニア州は合衆国の人口のおよそ10分の1なので、この節約分の数字のおよそ10%（約2000億ドル）になる。今日の複雑な指令・制御システムでは、この利益のうちわずかな分しか得ることができない。

負の影響を軽減しつつ、TEモデルに移行することはできるだろうか。最終的には全需要家の料金構造を変更することになるため、短期的には正と負の影響が生まれると考えられるが、TE定量取引によって影響を軽減することが可能である。TEには潜在的な便益も多い。

民間電力会社への影響

TEが実施されると、需要家と生産者はより多くの選択肢を利用することができる。たとえば、よりスマートに投資・消費の決定を行い、少ないリスクで投資できる。合衆国全土の民間電力会社は、現行のビジネスモデルや規制下において深刻な脅威に直面し始めている。分散型エネルギー資源（DER)、プロシューマー、そしてマイクログリッドの出現によって引き起こされるその脅威は、デススパイラルと呼ばれている（第2章4節参照)。

TEモデルへの切り替えは、このデススパイラルから脱し、システムを再構築するよい機会になる。民間電力会社は、配電に要する固定費を回収するために、需要家とともに先渡し取引に参加することができる。自宅を保有するどの需要家も、配電システム使用分の毎月支払いのために契約を結ぶ。もし需要家が家を売却した場合、その契約は、新しい家の所有者に移るか清算されることになる。もし家の所有者が自家発電の導入を決めた場合、その契約は部分的にTEプラットフォーム上に売ることができる。ピーク需要時または緊急時に配電システムを使用したときや契約以上に使用したときは、高価格の使用料を民間電力会社に支払う可能性もある。

長期的には民間電力会社は、TEにより規制に制約されることなくイノベーションを起こす機会が与えられる。民間電力会社は、TEプラットフォームという新たなインフラを発展させる上で、先導的な役割を果たすことができる。

需要家への影響

これまで本書のいくつかの章で、需要家とDERの便益について議論してきた。一般的に、TEによって需要家は資金の節約ができ、料金の急激な変動が減り、自家発電へ機会が与えられ、誰とでも電力が売買できるようになると予想される。

電力料金が変わる場合は常に、ある人はより安くなると考えるが別の人はより高くなるのではないかと考え、特に低所得者層の擁護者がこの点を懸念することが予想される。需要家間の公平性はTEモデルの明示的スライド料金で対処可能である。即ち、初期の月々の定量料金を安くしたり、高く設定したりすることで対応できる。管理委員会は、政策的・公正的決定を下す主体として適任である。

既存プレーヤーの変化と新規プレーヤーが担う役割

TEプラットフォームが実現すると、表6-1のように既存プレーヤーにいくつかの変化がもたらされることになる。

表6-2に示すように、TEプラットフォームの運用者といった新たなプレーヤーが電力経済システムに登場することが予想される。共通の標準設計とTEプロトコルに則ったさまざまなプラットフォームが出現すると考えられる。最初はそれらのプラットフォームは、民間電力会社や他の電力サービス・輸送サービスの提供者によって所有される可能性もある。

管理委員会が勧告することにより、新たな小売り事業者が競争に参入することになる。小売り事業者は、標準的なTE料金体系と共通のTEプラットフォームを利用することになる。

必要に応じて取引所が設置されることになるが、その取引所はCPUCやFERCに許認可・監督を受ける。取引所は先渡し市場・スポット市場を開設し、需給調整の役割を担うようになる。

マーケットメーカー（値付け業者）は、絶えず一定の先渡し期間で売り入札・買い入札を行い、取引を活性化させるようになる。

マーケットメーカーは、売りあるいは買いのポジションを過度に積み上げることができないように規制される。売買価格スプレッドには上限がつけられるようになる。

マーケットメーカーは、投機行為を行ったり、市場参加者に所有されることは許可されない。規制された輸送サービスを取り扱うマーケットメーカーが､系統運用者により所有されることは例外として認められるだろう。マーケットメーカーは､売買スプレッドによって収入を得ることができる。この市場の機能は高度に自動化されると予想される。

標準 TE プロトコルに準拠した需要家向けの機器・設備・施設や、DER を対象とした管理･制御システムが、民間電力会社やメーカーにより開発･実装されることが期待される。

本節のまとめ

管理委員会はステークホルダーに及ぼす短期・長期的な影響を軽減する多くの手段を持っている。ほぼすべてのステークホルダーの便益になる費用削減とイノベーションの促進を実現することができる。

6.3 ロードマップ

本節の概要

1. TE モデルへの移行が計画担当者によって検討されている。

2. TE モデルの開始に向けた包括的なロードマップが公開されている。

3. TE モデルへの移行は壮大な手間を必要としない。

表 6-1. TE が現行の関係者に与える影響

現行のプレーヤー		変　化
エネルギーサービス提供者	最終消費者	簡単な料金制度、発電、蓄電、消費を組み合わせたセルフディスパッチ。 スマートな投資と消費の決断。より少ない投資リスク。
	大口需要家	同上
	分散型電源開発者	同上。 セルフディスパッチと、投資リスクの減少。
輸送サービス提供者	送電所有者 送電運用者	特に意義のある変化はない
	配電所有者 配電運用者	長期取引に参加することで、リスクが減る。 サービス面でイノベーションを起こすより大きな機会に恵まれる。
独立系統運用者（ISO）		ほとんど変わらない。料金と処理手続の簡略化。 消費者と分散型電源の価格変化への一層の依存。 とても高い上限価格と、とても低い最低価格
規制機関		計画と料金監督業務が減り、市場ルールの関連業務が中心になる。

表 6-2. 新たな役割と責務

新たなプレーヤー	責　務
TE プラットフォームの運用者	・入札と取引データの記録。 ・コミュニケーションと情報の管理。 ・データベースの管理。 ・取引参加者間での支払額の計算。
取引所	・先渡し市場とスポット市場を継続的に利用可能にする。 ・先渡し市場とスポット市場システムのバランスの支援。
マーケットメーカー（値付け業者）	・市場流動性の促進（投機は認めない）
競争下にある小売事業者	・標準 TE 料金とプラットフォームを用いて、需要家へエネルギーを売買
EMS および機器制御メーカー	・標準 TE プロトコルに準拠した需要家施設と分散型電源への EMS の販売・支援。 ・消費者のためのさまざまな機器の制御

4. パイロット事業を先行的に実施することも可能である。

ロードマップのコンセプトを確立すれば、我々が現在どこにいて、どこへ向かっているのか視覚的に把握できるので便利である。2009 年から、筆者の一人であるエドワード・カザレットは、スマートグリッド相互運用性パネル（SGIP)、グリッドワイズ・アーキテクチャー・カウンシル(GWAC)、そして経験豊富な電力システムの専門家と協業し、TE に向けた詳細な移行計画を策定している。

2050 年までに合衆国全体を TE モデルに移行することは、実現可能である。移行をリードするカリフォルニアやテキサスのような州では、2025 年までに移行し終える可能性がある。そのための障壁は、物理的なものでも技術的なものでもなく、制度的なものである。

TE ロードマップ

このロードマップは 2012 年に開発され、文書はウェブサイトで読むことができる。この中で、将来は 4 つの段階に分けられる。

1) 2013 ~ 2015 年：本期間は TE 事業モデルの導入期である。具体的には、TE に関する任務、基準を定め、パイロット事業を実施する。

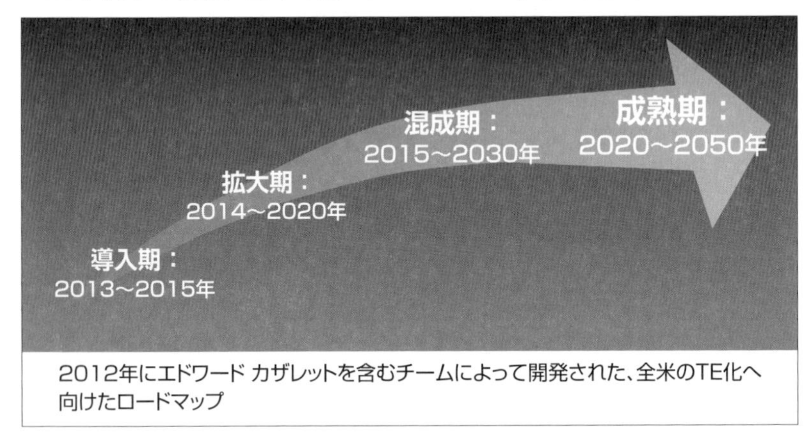

2012年にエドワード カザレットを含むチームによって開発された、全米のTE化へ向けたロードマップ

2)2014 ～ 2020年：拡大期。電力システムの一部でTE事業モデルが実施される。導入の価値が高く、規制面で優遇されており、参加者から支持が得られる期間。
3)2015 ～ 2030年：ハイブリッド期。TEが広範囲に展開される地域の登場。必要に応じて、既存の系統運用と市場は残る。
4)2020 ～ 2050年：成熟期。本期間では多くの地域でTE事業モデルがほぼ完全に実施される。

上記の期間に幅があるのは、実施に伴う不確実性が反映されているからである。州・地域がそれぞれの段階をいつ開始し、どのようなスピードで進展していくかについては、不確実性を考慮してある程度の幅が見積もられている。

ロードマップ各段階における２つのカテゴリー

1)電力システムサービス。電力サービスには、電力小売りと配電、独立系統運用機関（ISO）・地域系統運用機関（RTO）が提供するサービス、卸市場の先渡し電力・輸送サービス、電力システムの保守・点検サービスなど、さまざまな種類のものがある。それぞれが上述した各段階でどのように発展するかが、具体的に記述されている。
2)TEの支援機能。物理的・金融的システムが安全性、信頼性、効率性を維持しながら運用されるためのあらゆる活動を意味する。

ロードマップには、各段階における電力システム利用者の役割も記述されている。これは特にTEをビジネスチャンスと捉える起業家たちの関心を引くことになる。

ロードマップに基づけば、カリフォルニア州は10年でTEモデルに移行できる、という想定も現実的である。早く移行すればするほど、早く便益を享受することができる。

変化のスピードは、パイロット事業の結果によって決定されるべきである。管理委員会の仕事の一つは、民間電力会社や同エリアでサービスを提供している事業者に向けて、具体的なロードマップを作成することである。他の地域より早く移行できる地域もある。カリフォルニアでは、暫定的な目標は管理委員会が決定し、結果に応じて修正されることが望ましい。

本節のまとめ

このロードマップから得られる重要な点は、現行のシステムからTEへの移行は大きな変化big bangなしに可能である、ということである。カリフォルニア州は、早くも1998年4月1日に電力市場改革に取り組み、ビッグバンを経験したが、TEはそうはならない。

6.4 管理委員会

本節の概要

1. 赤子のみが変化を欲する。
2. 大きく革新的な変化は、管理を必要とする。

管理（スチュワードシップ）のあるところにイノベーションは栄える。これは、電力産業のような長い伝統のある産業において新しいやり方でイノベーションを起こすためには、特に当てはまる。赤子のみが変化を好む。

この10年間、カリフォルニアの市民は、政策変更に際して「管理委員会」を設立するという新しい方法を発見した。この委員会には、政策を実施し変更を管理する権限がある。この方法は、関心の高かった政策の実施に少なくとも過去2回機能した。

管理委員会が組織された1つ目の例が海洋生命保護法（MLPA）のケースである。この法はカリフォルニア州資源省長官に対して、海岸線に沿っ

て海洋保護区のネットワークを設計・実施するように命じた。自然資源省長官は管理委員会として「ブルーリボン・タスクフォース」を任命した。

２つ目の例は州の選挙区改定の件である。これは「カリフォルニア州選挙区改定市民委員会」が実施した。

どちらの事例もスケジュール通りに、多くのステークホルダーと専門家の関与の元で実施された。

筆者らは、TE事業モデルにおいてもこの方法が適切だと確信している。委員会の設立と構成は、MLPA法や選挙区改定のときと同様に、州議会によって決定される。政策の最終的な実行責任は州知事になることも考えられる。

2012年12月にリトル・フーヴァー委員会は、エネルギーガバナンスを最新にするための「リライティング・カリフォルニア－エネルギー改革の論点」と題した計画を策定するように、州知事と州議会に対して勧告した。委員会はさらに「新たにエネルギー省長官のポストを創設し、州知事と連携すること、そしてすべてのエネルギー政策の決定を１つの機関に委ねること」を強く考慮するように勧告した。TE管理委員会は、ここで指示されている組織の条件を満たしていると考えられる。

TE事業モデルの実施は、リトル・フーヴァー委員会で勧告された組織構造に適合していると考えられる。管理委員会のメンバーは、選挙区改定のときと同様に、エネルギー省長官もしくは州議会が定める手順に従って任命される。

以下の節では、海洋保護区や選挙区改定がどのように達成されたかを概観した後、TE の実施について述べることとする。

カリフォルニアの海洋保護エリアのネットワーク

カリフォルニアは海に面した州であり、沿岸から3マイル（約4.8 km）以内の海洋に行政権を持つ。連邦政府の行政区は200マイル（約322 km）にわたる。1999年に、カリフォルニア州政府は州内に海洋保護エリアの設立を定めた法律を通過させた。この海洋生命保護法（MLPA）では、生態学的・経済的な目標と実施期限が定められた。

科学者とステークホルダーを関与させる初の試みは、コンサルタントの助けを借りてカリフォルニア州漁業狩猟局が監督したが、その努力は停滞と資金の限界により3年で行き詰まった。

その挫折の後、州は2004年にMLPA法の実施主体を変革することを決定した。新しい組織は図6-3に示したように、「ブルーリボン・タスクフォース」、ステークホルダー団体、科学的助言チームに分かれている。各グループはスタッフとコンサルタントのサポートを受けた。

ブルーリボン・タスクフォースは、カリフォルニア州資源局のマイク・クリスマン氏によって任命された8名のメンバーによって構成されている。

このグループは幅広い視野を持ち、よい判断ができると期待された。各メンバーが持つ全米をまたにかけた高い実績と経験は、このプロジェクトを成功に導くのに大きな役割を果たすことが期待された。彼らは歴史、海洋保護領域に関する科学的知見をもっており、公開の原則に基づく政策形

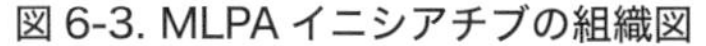
図6-3. MLPAイニシアチブの組織図

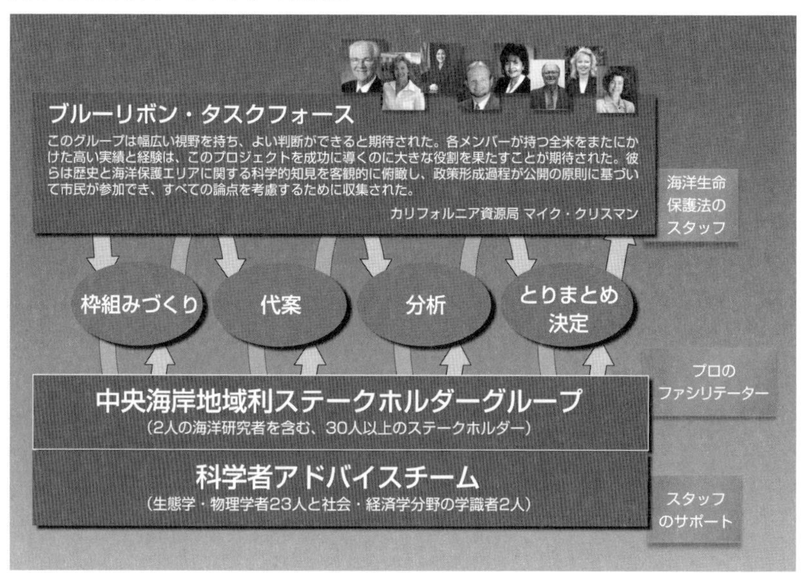

成が市民の参加とともに実施されるために召集された。彼らはアクセス可能であり、すべての論点を考慮する。（タスクフォースの創設に関するより詳細な情報は、「カリフォルニア海洋生命保護法イニシアチブを理解するための覚書」を参照のこと）。

2007年2月22日付プレスリリースのマイク・クリスマン氏の発言から引用

海岸は計画の際に複数の地域に分けられ、各地域にステークホルダー・グループが置かれた。グループのメンバーはブルーリボン・タスクフォースに監督されながら、各地域からそれぞれ選出された。

科学的助言委員会は漁業狩猟局により任命され、海洋生物学者、教育者、社会科学者によって構成されていた。

北はピラーポイントから南はポイントコンセプションまでのセントラル

コーストエリアが、パイロット事業エリアとして指定された。その目的は、いったんこの地域を保護し、その結果得られた教訓を他のエリアへの実施の際に活用するためであった。

海洋保護ネットワークの設計は予定通りに完了し、実行に移された。このネットワークは850マイル（約1,400 km）四方をカバーし、カリフォルニアの16.5%の海域が保護された。この事業から得られた教訓は、現在進行中の、カリフォルニア州サクラメント川の三角州における水資源管理戦略に応用されている。

適切な資金調達がMLPAプロジェクトの成功の鍵だった。「リソース・レガシー・ファンド」のような非営利組織からの資金が、州の予算を補填した。この資金は有能なスタッフを雇ったり、大規模なコミュニティー活動や対話活動を行うのに充てられた。多くの市民討論会が州のあちこちで開催された。

MLPAイニシアチブの成功要因は、協力、ステークホルダーの関与、透明性、科学的知見に基づいた計画だ。これらが成功の方程式を解く解法だった。

選挙区改定委員会

「カリフォルニア州選挙区改定市民委員会」は、困難な州政課題に対して管理委員会が用いられた２つ目のケースである。委員会の任務は、州の選挙区を示すラインを引き直すことにあった。以前この事業は、非常に不透明な交渉により、非常に物議を醸していた政治的過程を通じて、州議会が行っていた。

この市民委員会は、カリフォルニア州議会において2008年11月に発議された第11号「投票者ファースト法」が通過したことにより、承認された。この委員会は、上院、下院および「州平等化委員会」の選挙区の境界線を決定する責任を持つ。

14人のメンバーのうち、5人は民主党、5人は共和党、残りの4人は非主要党で構成された。1年間の選出期間を経て、理事が2010年11月と12月に選出された。この選出過程は州法によって定められたものである。

2010年の合衆国国勢調査によって必要が生じた下院の州議員数の割り当てに対して、カリフォルニア発議第20号の通過によって「投票者ファースト法」が誕生した。この結果、管理委員会は州議会の選挙区の線引きを行う責任を負った。委員会は、2011年8月15日までに新しい地図の作成を終える必要があったが、8カ月の間に州の全域の選挙区を新たに引き直した。

最終報告書に記されているように、管理委員会は市民の意見を聞くために34回のヒアリングを行い、2700人が参加した。証言した参加団体には、女性投票協会、「カリフォルニア・フォワード」、「コモン・コース」、カリフォルニア商業会議所、「平等を求めるカリフォルニア」、メキシコ系アメリカ人法的防衛と教育基金、アジア太平洋系アメリカ人法律相談センター、全国有色人種向上協会、「シリコンバレー・リーダーシップグループ」、「シエアクラブ」などが含まれる（より詳細な情報はウェブサイトwedrawthelines.ca.gov を参照のこと）。

この方法は過去の選挙区改定の方法とは異なっていた。以前は議員が密会し、既存の議員や政党に有利なように線を引いていた（詳細は上記ウェブサイト上のFAQを参照）。

対照的に、この新しい委員会は独立しており、すべてのカリフォルニア人の声を決定に反映させるべく存在している。州全土で市民からヒアリングを行うだけでなく、公式ウェブサイトやツイッター、フェイスブック上でも市民の意見を集めている。委員の理事も、州全土で教育的なフォーラムに積極的に参加している。

特定の政党に偏った選挙区変更を避け、上院、下院および「州平等化委員会」のために177の区域を期間内に予算の範囲内で作成できたことを、

私は誇りに思う。

委員会議長、シンシア・ダイ、2011年8月31日

カリフォルニア州選挙区改定の事例は、よく統制された管理委員会の威力を示している。この経験はカリフォルニアの電力市場をTEモデルに移行する際にも役に立つものと考えられる。

TEへの移行を円滑に進めるための組織の構築

筆者らは、MLPAにおける管理委員会と同様の組織が現実的で効率的である、と考えている。管理委員会の構成は、州議会で具体的に定められる。組織のミッションは、例えば以下のように書くことができる。

この委員会は、カリフォルニア州のTE事業モデルおよび規制モデルへの移行を管理するために招集された。この組織は、広範な分野から専門家を招き、専門家と民間の利益のどちらも反映した視点を持っている。メンバーは、州・全米での政策形成における業績と経験値の豊富さに基づいて、選ばれた。

委員会の活動の大半は、ステークホルダー・グループおよび科学者・エンジニアチームが担う（図6-4参照）。

MLPA法と同様に、ステークホルダー・グループは、電力の生産と消費に従事する市民のうち横断的な分野から20～30人が代表として参加する。メンバーは、透明で公平な方法で、一般市民から選出される。グループの議論は、専門的な世話役によって促進される。主要な活動は、問題提起、情報提供、関係者による価値の表明などである。ここでは直接エネルギーに利害を持ち、この分野に精通したステークホルダーの活躍が重要になる。

図 6-4. TE イニシアチブの組織図

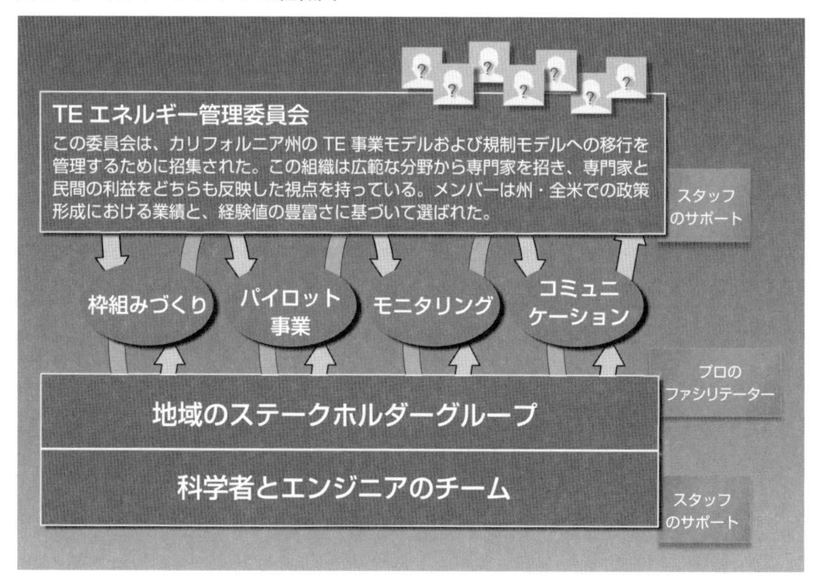

科学者・エンジニアチームは、社会科学、経済学、技術的根拠に基づいた知識を提供する責任を持つ。メンバーはエネルギー省長官によって任命されるであろう。

本節のまとめ

政策を構築し実行するためには多くの方法がある。管理委員会というアイデアが、TE 事業モデルおよび規制モデルの実施の際の、最初の選択肢である可能性がある。管理委員会は、権威のバランス、市民の参加、厳格な科学的知見を提供でき、カリフォルニアにおいて既に実績を積み重ねている。

訳注5：原文は“Stewardship Board”。原文の派生語である“steward”は「管財人」と訳されることもあり、単なる管理（management）ではなく、公共物や国民の財産を管理するという意味が含まれていることは興味深い。
訳注6：AB1890法案の事例は、TE管理委員会の他山の石とすべきである。ここではCPUCが責任を負い、長年にわたって調査・ワークショップの開催・提言・議論がステークホルダーによってなされてきたが、その多くは市民参加とは無縁であり、参加者の多くは混乱し、失望したものだった。1996年の夏、議論は州議会と州知事室にも及んだが、州議会は突然、上院・下院の両院でAB1890法案を反対票ゼロで通過させ、この法案は知事によって署名された。この法案により、小売り価格に上限が設けられ、小売り自由化が実施され、CAISOと電力取引所が創設され、民間電力会社は化石燃料を用いる発電所を売却させられることになり、電力は取引所のスポット市場からのみ調達することとなった。この州法により、民間電力会社が独立系発電会社に全ての電力を販売することが確定した。1998年4月1日に自由化された市場が運用を開始したが、2000年および2001年に卸売り市場価格でスパイクが発生した。小売り価格に上限規制が設けられていたため、民間電力会社は小売り価格を上げることができず、卸市場で発生した電力コストの上昇を消費者に転嫁することができなかった。その結果PG&E社は破綻し、SCE社とともに政府による緊急融資を受けたが、カリフォルニアの民間電力会社の需要家が総額数百億ドルに及ぶ費用を負担することになった。

本情報は原書Kindle版にのみ記載されたコラムを元としている。

第 7 章

著者紹介

スティーブン・バラガーとエドワード・カザレットはともに、現代の電力システムの発展でのパイオニアである。彼らは電力の研究開発に画期的な貢献をしてきた。本章では、各著者の資格について簡単に説明する。

スティーブン・M・バラガー博士

スティーブン・バラガー博士は、ベイカー・ストリート出版社（Baker Street Publishing）の創設者・経営者である。彼は、米国スタンフォード大学で組織的意思決定と環境意思決定の講義を担当している。現在、組織的意思決定の科学と工学について執筆している。

1980年代に、バラガーは米国電力研究所（EPRI）と協力し、電力業界における最初の統合計画モデルと方法を開発した。このモデルは、世界中で使用され、需要側の意思決定を支援してきている。このモデルを使用した企業は、米国の3分の2の電力を生産している。バラガーは株式会社ディシジョン・フォーカスの共同創立者であり、エレクトリック・パワー・ソフトウエア社の創設者兼最高経営責任者（CEO）である。

バラガーは幅広いエネルギーと環境政策の問題に取り組んできた。彼は米国カリフォルニア州海洋生物保護法イニシアチブの科学顧問チームとリーダーシップチームの委員長であった。このイニシアチブの成功により、カリフォルニア沿岸の海洋保護地域のネットワークが確立された。彼もまた、太平洋漁業管理協議会（Pacific Fisheries Management Council）でいくつかの職を任命されてきた。

以前は、カリフォルニア州パロアルトのコンサルティング会社SDG（Strategic Decisions Group）の会長および取締役であった。SDG社に勤めていた間、バラガーはゼネラルモーターズ（GM）との主要な8年間の契約に携わっていた。そのプログラムの目標は、GM全社にわたり、戦略的意思決定を向上させることであった。主要な意思決定範囲には、ビジネスイノベーション、製品企画、ブランディング、マーケティングと販売戦略、グローバル・ソーシング戦略、研究開発計画と環境戦略が含まれた。この仕事の多くの結果は、「新 GM」のコンセプトに取り入れられている。

バラガーは、航空宇宙・コンピューター・自動車および化学工業・エレクトロニクス・鉱業・輸送・食料・エネルギーなど、幅広いビジネス分野で働いてきた。彼は多くの上級執行役員会のワークショップを推進し、経営陣を対象に戦略的意思決定と研究開発計画を講義した。アジア・欧州・南米と中東において、集学的・多国籍チームを率いてきた。

バラガー博士はスタンフォード大学で意思決定分析・経済学・生態学に焦点を当てて研究し、博士号を授与された。ノースウェスタン大学より工学部の学士を取得した。

エドワード・G・カザレット博士

エドワード・カザレット博士は、電力市場の設計と運用、スマートグリッド取引サービス・電力貯蔵・再生可能エネルギー統合の設計と運用においてのリーダーである。カザレット博士の業界貢献のため、『公益事業隔週刊誌』に「今年のイノベーター」と称えられた。

カザレットは、グローバルな取引システム会社である株式会社 TeMix の創設者兼 CEO である。以前はカリフォルニア独立系統運用機関（CAISO）の総裁を務めており、メガワット・ストレージ（MegaWatt Storage）、ファームズ（Farms）、APX 社（Automated Power Exchange）、株式会社ディシジョン・フォーカスとカザレット・グループの創設者、または共同設立者である。

カザレット博士は、電力取引を自動化させるための技術応用においてのリーダーである。インターフェースによってレガシー取引システム・市場と連結する電力に向けて、彼は高速で信頼性の高い取引システムの設計、構築、および運用に豊富な経験を持っている。

彼はエネルギー市場情報交換（EMIX）において構造化情報標準促進協

会（OASIS）のための技術委員会の共同委員長を務めており、また、この委員会の取引可能なエネルギー市場情報（Transactive Energy Market Information、略称 TeMix）基準に関する白書の著者でもある。

CAISO の総裁として、CAISO の常任 CEO が選任されるまで、カザレットは移行マネージャー（暫定 CEO）として務めていた。また、役員会議の副議長と運用委員会の委員長を務めた。彼は、市場の設計・資源の妥当性・市場と電力システムの運用・送電計画を監督していた。さらに、CAISO 地点別限界費用（LMP）市場向けの新しいソフトウェアとハードウェアを設計と実装するため彼は数百億ドルものプロジェクトを監督した。

APX 社の会長兼 CEO として、彼はベクテル、東京電力、九州電力、ハイドロ・ケベック、エクセロン、ファーストエネルギーなどのベンチャーキャピタル投資家や戦略的電力業界投資家から、3 ラウンドで約 7,000 万ドルを調達した。同氏は、北米、欧州とアジアにおいて、多様な電力取引、スケジュール設定、デマンドレスポンス、決済業務を見事にリードしてきた。APX 社は最初のグリーン電力取引市場を運営し、再生可能エネルギーとカーボンレジストリのリーダーとなった。

40 年にわたり、カザレット博士は、合成燃料・天然ガスの規制緩和・発電・送電計画・電力貯蔵など、州と連邦のエネルギー政策の議論で活躍してきた。彼は、法案 AB 2514 として知られているカリフォルニア州の「エネルギー貯蔵システム」州法の最初の主張者であった。

カザレットはスタンフォード大学で意思決定分析・経済学および電力システムに焦点を当てて研究し、博士号を授与された。ワシントン大学より工学の学士を取得した。

スティーブン バラガー 　　エドワード カザレット

訳者後書き

カリフォルニア州が生む革新電力モデル

どうしてカリフォルニア州か

この本の著者は、カリフォルニア州で活躍してきており、舞台は同州である。しかし、一般的なモデルとして提唱している。それは、太陽光発電の導入が圧倒的に多く、分散型エネルギー資源が増える場合のモデルとなるからだ。また、卸取引所運営と系統運用の役割を担うCAISOが活躍しており、卸や送電網ベースでの市場取引が発達しているからだ。

市場と規制が混在するシステム

ここで、カリフォルニア州の特徴に触れてみる。同州は、自由化と規制が入り混じっている。1998年、米国ではマサチューセッツ州とともに先陣を切って電力自由化に踏み切った。大気汚染規制、自動車排ガス規制等環境で全米をリードし、電力でも自由化の契機となった公益事業規制政策法（PURPA）を最も積極的に実施し、風力、コージェネ等の分散型電源の普及を進めた実績がある。

ところが、制度設計を急ぎ過ぎたこともあり、2000年にエネルギー危機が生じ、自由化を中断する。現在でも、垂直統合型の全米有数の3大民間電力会社（パシフィック・ガス&エレクトリック、サザンカリフォルニア・エジソン、サンディエゴ・ガス&エレクトリック）が存在し発電、送配電、小売り事業を行っている。発電は自由化開始時に火力発電設備を売却しており、水力・原子力主体の構成となっている。小売り事業は、大口は自由化しているが小口は地域独占が残っており、調達は市場（相対、取引所）からの購入が多い。送配電は、資産を所有しており、配電は運用を行っている。送電の運用はCAISOに委託している。

この3社は、私営電力会社（IOU：Investors-Owned-Utilities）と称されるが、州公益事業委員会（PUC：Public-Utilities-Commission）の規制・監督をかなり厳しく受ける。小売りが全面自由化ではないこと、送配電とくに配電の規制を受けること等がその要因である。PUCは、州政府の政策を睨みつつ消費者の利益を守る立場でもあり、料金を主にきめ細かい規制・指導をIOUに対して課している。

また同州では、市営電力会社（Public-Owned-Utilities）が大きな存在感を持つ。代表は、州都サクラメント市のSMUD、ロサンゼルス市のLADWPである。垂直統合であるが、連邦政府が管轄する卸取引を活発に利用している。州政府の政策をもかなり意識しており、むしろ州政府以上に環境に配慮した政策を進める傾向にある（特にSMUD）。

太陽光発電の急増がダックカーブ、デス・スパイラルを生む

一方、州政府はCO_2削減、省エネ・エコカー促進、再エネ推進等にて積極的な環境政策を進めてきている。再エネは2030年までに小売りベースで50%との目標を持つ。ブラウン知事は45年までに100%とする意向を持っている。同州の再エネ目標は、大規模水力を含まず、州内立地設備に限定している点でIOUにとりより厳しい制約となっている。また、小規模分散型資源を別途目標をもって推進している。省エネも具体策はIOUを経由して実施する場合が多い。IOUは政策実施機関との一面もあり、料金等にてきめ細かい規制を受けている。

同州の再エネ目標は、大規模水力を含まず、州内立地設備に限定している点でIOUにとりより厳しい制約となっている。州内の風力開発はかなり進んでいること、政治は屋根置きソーラーを好むこと等から、太陽光発電の導入に多くを依存している。この結果、全米の太陽光導入の35%は同州に集中し、従来の電力需要ピーク時である昼間の供給が減り（自給が増え）、その前後に急激な供給増減が生じる需要曲線の「ダックカーブ」化が世界に先駆けて生じた。

太陽光発電の急増は、ZEH、ZEB等の省エネ建物化推進とも相まって、

需要家の自立性・自律性を高め、従来の供給システムが機能しにくくなる現象を生んだ。特にローカルネットワークである配電網の維持・更新を進めるに足る料金収入が、自家消費が増えることで、得られなくなるとの懸念が生じた。収入を確保するべくタリフを上げると、更に自家消費増を刺激するという悪循環が生じる。これが電力の「デス・スパイラル」現象である。この現象は、再エネの積極的な普及を域内にて進めようとする州において顕著となるが、その代表がカリフォルニア州、NY州そして島嶼地域であるハワイ州である。需要家の近くに立地する分散型資源のもつ便益をより正確に評価し、新たなシステムを構築する必要に迫られ、重要政策として検討が進められてきている。便益とコストを評価し、市場原理に基礎を置いたシステムを導入しようとしている。

政策遂行手段としてユーティリティー規制を利用

NY州は、CA州と異なり、完全自由化の制度設計になっており、配電部門も分離されており、電力ユーティリティーとは配電会社を指す。来るべき分散型システムも価格メカニズムを基礎に構築しようとしている。一方で、CA州は、前述のように、環境政策をリードしているが、その進め方は、当局のIOUに対する（前向きな）規制・指導にかなりの程度負っている。IOUは、基本的に州政府の方針や当局の規制に従いつつも、その手間暇に辟易しているのも事実である。

著者のスティーブン・バラガーとエドワード・カザレットは、カリフォルニア州で長く活躍されてきたが、シンプルに価格メカニズムの追求にて課題を克服できるとするこの本を世に出したのは、こうしたCA州の状況と無縁ではないと思われる。特にカザレット氏は、送電網・卸レベルで取引所を通じた需給調整や送電線利用を実践してきた経験を持つ。このISOが主となり運営するシステムを高く評価し、これを配電網・需要家レベルまで行き渡らせようと考えたとしても、それは自然であろう。デス・スパイラルは配電網の運用・計画に関し変革を迫っている。この分野は輸送の概念が特に重要になる。不特定多数の大量の設備（資源）の立地地点を価格メカニズムで誘導することが、低コストでかつDERの便益を引き出すカギを握るからだ。

併せて、CA州に対する完全自由化復帰を促すメッセージでもある。2000年前後のエネルギー危機は、政策当局を主に同州は深い傷を負った。完全自由化復帰のタイミングを計っている状況であろう（監訳者は2年前の訪問で実感した）。ルーフトップソーラー、ネットゼロハウス等の普及は電力システムの変革を促しているが、その前提として価格メカニズムが末端まで機能する必要があるのだ。

市場が見えない日本で、市場を理解できる本

日本は、小売り・発電の全面自由化は始まっており、一見カリフォルニア州よりも自由化が進んでいるようにみえる。しかし送配電部門の法的分離、卸取引所の整備に代表される自由化の環境整備である「システム改革」はまだ途上である。特に、市場取引そのものと言える卸取引所の整備はまだ途上であり、分散型システムを促す再エネ普及は旧態依然たるインフラ運用ルールが残り、系統接続が強い制約を受け、普及の妨げとなっている。これはインフラ中立性の問題である。

一方、米国は、州を跨ぐのは連邦政府の守備範囲となるが、卸取引は自由化されており、そのインフラである送電網は卸取引を担う機関が市場取引と一体となって運営している。カリフォルニア州も同様で、CAISOは基本的に連邦政府の管轄下にあり、卸市場の革新や系統運用に責任を持って取り組んでいる。このため、市場取引や中立的な系統運用に関しては、関係者は馴染みがある。需要家周り・配電網関連のデス・スパイラル問題の解決も、卸・送電網の機能を利用しようという発想が自然に起こるだろうと推測できる。本書でも、卸市場はほぼ完成していると評価している。

低・脱炭素化、分散化の奔流は、日本だけ例外であることはできない。産業的にも大きなハンディを背負うことになる。新たなシステム構築への解は市場取引にあり、本書は、先渡し、スポット、物理的な電力、輸送のたった4つのキーワードで見事に整理している。遅れた日本ではあるが、本書を参考に事業モデルや政策のキャッチアップに本腰を入れることを期待したい。

2018年1月　山家公雄

用語集

あ

アプリ　Apps

アプリは、特定のアプリケーションを操作するための、単一もしくは複数以上のプログラムのセットである。アプリは、それ単独で動かすことはできず、実行するためにはシステムソフトウェアに依存する。例えば、マイクロソフト・ワードやマイクロソフト・エクセル、タリー・ソフトウェア、図書館管理システム、課金システムなどである。
この用語は、システムソフトウェアと呼ばれるコンピュータープログラムと対照的に用いられる。システムソフトウェアは、コンピューターの能力を管理統合するが、直接的にはユーザーに便益をもたらす仕事はしない。
その例には、会計ソフト、企業向けソフト、画像処理ソフト、メディアプレーヤー、オフィススイートなども含まれる。多くのアプリは、原則的に文字で処理される。アプリは、コンピューターやシステムソフトウェアとバンドルされたり、分割して発行されたりする。また大学のプロジェクトとしてコード化されることもある。
アプリによって、あるコンピュータープラットフォームやシステムソフトウェアが、ある目的を達成する能力が与えられる。

エネルギー　Energy

物理学では、エネルギーは物体の特性であり、基本的な相互作用を介してそれらの間で移動可能である。他の形態に変換することはできるが、生成または破壊することはできない。ジュールは、エネルギーの標準的な単位である。これは、1ニュートンの力に対して1メートル動かす機械的作業によって物体に伝達される量に基づく。
仕事と熱は、所与のエネルギー量を伝達することができる、プロセスまたはメカニズムの2つのカテゴリである。熱力学の第2の法則は、加熱プロセスによって得られるエネルギーによって実行できる仕事量を制限する。エネルギーの一部は常に廃熱として失われる。仕事に入力できる最大量は、利用可能なエネルギーと呼ばれる。機械や生物などのシステムでは、しばしばエネルギーだけでなく、利用可能なエネルギーが必要である。その逆に、機械的および他の形態のエネルギーは、そのような制限なしに、熱エネルギーに変換することができる。
（Wikipedia より）

エネルギー市場情報交換　EMIX：Energy Market Information Exchange

エネルギー市場と販売は、料金や組み込まれた知識によって特徴づけられており、意思決定の自動化は困難である。スマートグリッドは、急速に変化する製品と製品の利用可能性を、動的な価格と関連して導入する。市場情報のための標準化された語彙を伝える標準化されたメッセージの欠如は、変化する市場環境に対応するための技術の開発および展開に対する障壁となっていた。
価格と製品の定義は実行可能な情報である。価格と製品を伝える標準的なメッセージが提示されれば、自動システムによって、エネルギーと経済結果を最適化することができる。規制された電力市場では、価格と製品はしばしば政治的プロセスによって導出される複雑な料金によって定義される。EMIX は、この実行可能な情報を伝えるメッセージに使用する情報を定義する。
エネルギー市場と他の市場との間の本質的な違いは、価格が受け渡し時間の影響を強く受けていることである。エネルギー使用量が少ない午前 2 時に販売するエネルギーは、平日の午後 2 時に同じ場所で販売するエネルギーと同じではない。EMIX は、ウェブサービスカレンダーを入札、契約、およびパフォーマンスの呼び出しに組み込むことによって、時間と間隔を伝える。
すべての市場情報がリアルタイムで利用できるわけではない。今日の市場、特に卸市場では、販売時点では決定できない繰延料金（例えば、バランシング手数料）が発生する可能性がある。 他の市場では、購入したエネルギーの利用を許可するために、追加購入が必要な場合がある（例えば、先渡し契約での受け渡しを受け入れる場合は、同時送電権またはパイプライン料）。 EMIX は、利用可能な価格と製品情報を表すのに便利である。
（OASIS ウェブサイト , https://www.oasis-open.org より）

エネルギー相互運用　EI：Energy Interoperation

エネルギー相互運用は、以下をサポートする
- 取引可能な電力（TE）
- 動的価格と契約価格の分布
- 負荷資源の割り当てからイベントに埋め込まれた価格レベルまでの需要反応（Demand-Response）アプローチ。
- 需要反応の測定と確認
- 予測される価格、需要、エネルギー

EI は、そのプロセスや技術に関して何も仮定することなく、分散型エネルギー資源（DER）に取り組んでいる。
この仕様では、契約や取引義務をサポートするが、この仕様では、電力業界、アグリゲーター、サプライヤー、機器メーカーなど、さまざまな参加者の特定のプログラム、地域の要件、および目標をサポートするための実装の柔軟性を備えている。
エネルギー相互運用技術委員会の意図では、この仕様を実装するために、特定の契約が承認、提案、または要求されていることを暗示するものではない。 実際の受け渡しと受け入れの管理を可能にする相互作用はこの範囲内であるが、エネルギー市場の運用はこの仕様の範囲外である。エネルギー相互運用は、当日の仲介サービスをサポートするだけでなく、翌日に発生する可能性がある輸送チェーン全体で使用するインターフェースを定義する。
（OASIS ウェブサイト , https://www.oasis-open.org より）

エネルギーマネジメントシステム　EMS：Energy Management System

エネルギーマネジメントシステム（EMS）という用語は、一般に、暖房、換気および

照明設備などの大きなエネルギー消費を伴うビル内の電気機械設備の自動制御および監視のために、特別に設計されたコンピューターシステムを指す。 対象は、単一の建物から、大学のキャンパス、オフィスビル、あるいは、小売店ネットワーク、工場などの建物群に及ぶこともある。これらのEMSのほとんどは、電気、ガス、水道メーターの読み取り用設備も提供している。ここから得られたデータを使用して、自己診断および最適化処理を頻繁に実行し、傾向分析および年間消費予測を作成することができる。
歴史的には、EMSは、発電システムの性能を監視、制御し、最適化するために、電力会社の担当者が使用するコンピューター支援ツールのシステムである。
EMSは現在、家庭用サーモスタット、スマート家電、電気自動車に組み込まれている。これらのシステムは、スマートフォンを使用して遠隔で監視、制御できる。デバイスは、クラウド上または家庭内の無線デバイスから利用可能なすべての情報を監視できる。それらの制御アルゴリズムは、装置に埋め込むことも、インターネットを介してアクセスすることもできる。
（Wikipediaより）

か

拡張性　Scalability

増大する多くの作業を受容能力のある方法で処理するための、システム、ネットワークあるいはプロセスの能力。あるいは増大を受け入れるために拡大される能力。例えば、資源（例えばハードウェア）が追加された時に、負荷が増加する中で、あるシステムの総出力を増加させるためのそのシステムの能力を表す。この用語が経済的な文脈で用いられた場合も類似の意味を持つ。例えば企業の拡張性は、基本的なビジネスモデルがその企業内の経済成長の可能性を提供することを意味する。
システムの特性としての拡張性は一般に定義が難しく、どのような特定のケースでも、重要と見なされる局面での拡張性のための特定の要求事項を定義する必要がある。これは電子システム、データベース、ルータやネットワーク構築において極めて重要な問題である。ハードウェアが追加された後に、追加された容量に比例して性能が改善されるシステムは、拡張性のあるシステムというべきである。
アルゴリズムやデザイン、ネットワーク・プロトコル、プログラムおよび他のシステムにおける拡張とは、大規模な状況（例えば、大量の入力データセット、大量の出力あるいはユーザー、分散システムにおける大量の参加ノードなど）に適用する際に、適切に効率的で実用的であることだと言われている。量的増加に伴いデザインまたはシステムが機能しないならば、それは拡張ではない。実際に、拡張性に影響を及ぼす大量の数(n)があるとすると、リソースに要求される要件（例えば、アルゴリズム的時間複雑性）の増加は、nが増加するにつれn2未満でなければならない。例としてはサーチエンジンが挙げられるが、これはユーザー数だけではなく、それを検索する対象の数に対しても拡張性を持たなければならない。拡張性は、あるサイトが受ける要求に従ってサイズ的に増加する能力を示している。

ギガワット　GW：Gigawatt

ギガワット (GW) は、10億ワットまたは1ギガワット=1000メガワットに等しい。この単位は、大型発電所や送電網に使用されることがある。例えば、2010年末までに中国の山西省の電力不足は5～6GWに増加すると予想され、ドイツの風力発電の設備容量は25.8 GWであった。ベルギーのドール原子力発電所の4基のうち最大の原子炉は1.04 GWのピーク出力を有する。世界最大の洋上風力発電所であるロンドンアレイは、1 GWの電力を生産するように設計されている。
（Wikipediaより）

規制機関　Regulator

規制機関（規制当局、監督省庁、規制者とも）は、人々の活動のある分野にわたって独立した権限の行使に責任を持つ公的な機関もしくは政府の省庁である。独立規制機関は、政府の他の部局や部門から独立した規制機関である。
規制機関は行政法の分野、すなわち規制もしくは規則制定（市民全体の便益のための規則および規制の法制化および施行、監督もしくは監視の行使）を取り扱う。独立規制機関が必要な理由は、専門性が要求される特定の規制および監督業務が複雑になってきたり、特定の部門の公的機関の迅速な実施が必要であったり、政治的干渉の欠点を防ぐためである。調査もしくは監査を行う規制機関や、また関連団体に罰金を科したり特定の措置を命令する権限が与えられている規制機関もある。
規制機関は通常、政府の行政部門の一部である場合や、もしくは立法部門からの監視の下でその機能を行使する法的権限を持つ場合がある。規制機関の行動は、一般に法によって定められた調査に対して開かれている。規制機関は一般に、規格の施行や安全の実施、もしくは公共財の利用の監視や通商の規制を定める。規制機関の例としては、米国の州際通商委員会や米国食品医薬局などがある。
金融規制は、金融システムの健全性を維持する目的で金融機関に特定の要件や制限および指針を課す規制および監督の一形態である。この規制は政府もしくは非政府組織のどちらかによって取り扱われる場合がある。金融規制は、借入コストの低減や利用可能な金融商品の多様化など、銀行部門の構造にも影響を与えている。
金融規制の目的は、通常、以下のようなものがある。

- 市場の信頼性：金融システムの信頼性を維持する
- 金融安定性：金融システムの保護および安定性の増強に寄与する
- 消費者保護：適切な消費者保護の度合いを確保する
- 金融犯罪の減少：規制事業が金融犯罪に結びつく目的に利用されることが可能になることを減少する

（Wikipediaより）

キロワット　kW：kilowatt

キロワットは1000ワットに等しい。この単位は、通常、エンジンの出力と電気モーター、工具、機械、およびヒーターの電力（パワー）を表現するために使用される。
米国などの国では、1キロワットは約1.34馬力に相当する。地球上では、一般に晴れた日の日中は、1平方メートルの表面積で、太陽からの1キロワットの太陽光を受け取っている。
（Wikipediaより）

キロワット時　kWh：kilowatt-hour

キロワット時（記号kW・h、kW hまたはkWh）は、1,000 Wh、または3.6 MJに相当する電力量（エネルギー）の単位である。エネルギーがある一定の期間にわたって一定の割合（電力）で送電または使用されている場合、kWh単位の合計エネルギーは、kW単位の電力と時間単位の積である。kWhは、電力会社によって消費者に供給されるエネルギーの請求単位として一般的に使用されている。
1000 W（1 kW）の定格のヒーターで1時間動作させると、1 kWhのエネルギーが消費される。100時間作動する60 Wの電球は6 kWhを使用する。電気エネルギーはkWhで販売されている。稼働中の機器のコストは、電力（kW）と稼動時間（kWh）とkWhの価格の積である。電気の単価は、消費速度と日時による。工業部門の需要家は、ピーク使用量と力率に応じて追加料金を支払うこともある。
（Wikipediaより）

供給原価　Rate Base

電力会社によって所有され運用される発電および送電・配電インフラの減価償却後の会計簿上の価値。電力会社は、供給原価に基づく規制された利益率で収益を得る。他が同じ条件であれば、供給原価が大きいほど電力会社の総収入は大きくなる（逆も同じ）。設備が減価償却されるほど、供給原価は減少する。供給源は、電力会社が新規発電所やインフラ設備を建設したり、資産の追加や改善を行うと、増加する。供給原価が変化すると回収が認められた減価償却費も変化する。2003年から2011年の間に、カリフォルニア州の電力会社の供給原価は220億ドルから390億ドルに増加し、GRC収益要件も増加した。
（カリフォルニア公益事業委員会：コスト報告書（2011年）より）
http://www.cpuc.ca.gov/NR/rdonlyres/1C5DC9A9-3440-43EA-9C61-065FAD1FD111/0/AB67CostReport201.pdf

金融情報交換プロトコル　FIX：Financial Information Exchange Protocol

金融情報交換（FIX）プロトコルは、1992年に証券取引および市場に関連する国際的なリアルタイム情報交換のために開始された電子通信プロトコルである。金融サービス企業は、ナスダックだけで毎年数十億ドルの取引が行われている。電子取引を最適化し、金融市場のスピードを上げるために、ダイレクト・マーケット・アクセス（DMA）を採用している。取引アプリケーションの配信を管理し、待機時間を低く抑えるためには、FIX プロトコルの理解がますます必要になる。
（Wikipedia より）

クラウド　Cloud

クラウド・コンピューティングは、ネットワークを介した演算を伴うものである。このネットワーク上では、接続された多くのプログラムやアプリが同時に実行される。具体的には、インターネット、イントラネット、ローカルエリアネットワーク (LAN)、あるいはワイドエリアネットワーク (WAN) などの通信ネットワークを介して接続された、サーバーと一般的に呼ばれるハードウェア演算機、または、ハードウェア演算機群を指す。サーバーにアクセスする権限を持つそれぞれのユーザーは、サーバーの処理能力を利用して、アプリを実行したり、データを格納したり、その他の演算処理を実行することができる。したがって、アプリを実行するために、常にパーソナル・コンピュータを使用するものの、各個人は世界中のどこからでも、アプリを実行することができる。サーバーはアプリを処理する能力を提供し、同時にサーバーは、インターネットやその他の接続プラットフォームを介して、どこからでも接続される。これらはすべて、ムーアの法則に記されているように、コストを減少しながら、人類に利用可能なコンピューター処理能力が向上したことによって可能になった。
「クラウド」という用語の一般的な使用は、本質的にはインターネットの隠喩である。インターネットを介して遠隔で提供されるサービスとして、ソフトウェア、プラットフォーム、インフラストラクチャーのことを指す「クラウド上で」という言葉が、トレーダーによってさらにポピュラーになっている。通常売り手は、遠隔地から製品やサービスを提供するために、実際にエネルギーを消費するサーバーを所有している。したがって、最終ユーザーは、これらのサーバーを導入することなく、単にインターネットにログオンすることができる。クラウド・コンピューティング・サービスの主要モデルは、サービスとしてのプラットフォーム、サービスとしてのインフラストラクチャーと呼ばれている。こうしたクラウドサービスは、公共部門、民間部門あるいはそれらのハイブリッドのネットワークで提供されている。Google、Amazon、IBM、Oracle Cloud、Rackspace、Salesforce、Zoho、Microsoft Azure などは、クラウド販売会社としてよく知られている。ネットワークベースのサービスは、しばしばクラウド・コンピューティングと呼ばれる。ネットワークベースのサービスは、実際のサーバー機器によって提供される一方で、単一または複数の機器のソフトウェアによって模擬される仮想ハードウェアによって提供される。このような仮想的なサーバーは、物理的には存在しないため、最終ユーザーに影響を与えることなく移動し、拡張したり縮約したりすることができる。

限界費用　Marginal Cost

経済および財務において、限界費用は、生産量が 1 単位増加したときに発生する総コストの変化を示す。つまり、それはもう一つの単位の財を生産するコストである。

一般的には、生産の各段階における限界費用には、次の単位を生産するために必要な追加費用が含まれる。たとえば、新たな車両を生産するために新しい工場を建設する必要がある場合、新たな車両の限界費用には新しい工場の費用が含まれる。実際には、この分析は短期および長期のケースに分けられているため、長期の実行ではすべてのコストが限界費用に近くなる。考慮する生産と期間の各段階で、限界費用には生産レベルによって異なるすべてのコストが含まれるが、生産によって変化しないその他のコストは固定されているとみなされる。
(Wikipedia より)

構造化情報標準促進協会
OASIS：Advancing Open Standards for the Information Society

グローバルな情報社会に係るオープンスタンダード開発、合意形成、採用を促進する非営利のコンソーシアム。OASIS は、セキュリティーや IoT（モノのインターネット)、クラウド・コンピューティング、エネルギー、コンテンツ・テクノロジー、危機管理およびその他の分野の産業界の合意形成や国際標準を促進する。OASIS のオープンスタンダードは、潜在的な低コスト性を提供し、イノベーションを刺激し、グローバル市場を育て、技術を選択する権利の自由を保護する。
OASIS メンバーは、公共の市場やプライベートセクターにおける技術リーダー、ユーザー、インフルエンサー（影響者）を広く代表している。コンソーシアムには、65 ヶ国以上の国で 600 以上の組織や個人会員を代表する 5,000 人以上の参加者が、参加している。メンバーは、産業界の合意を形成し異業種の活動を統合するために、明確に設計された簡易な手順を用いて、OASIS の技術指針を自ら設定する。完成した指針は、開かれた投票によって承認される。ガバナンスは、説明責任を伴い、制約はない。OASIS の理事会および技術諮問委員会の両者の役員は、各国の国内投票で選ばれ、2 年の任期を務める。コンソーシアムの幹部の資格は個人の業績に基づいており、金銭的寄与や会社の名声、特別な役職によるものではない。
(OASIS ウェブサイト https://www.oasis-open.org より)

小売りエネルギー提供者　REP：Retail Electric Provider

電力小売りが競争的に開放されているテキサス州の地域で需要家にエネルギー(電力量)を販売する事業者。REP は卸電力や受け渡しサービス、その他の関連するサービスを購入し、需要家用に電力価格を設定し、小売り販売のために需要家を募っている。REP は以下のような多くの責務を負っている。

- 卸市場から電力を購入すること
- 受け渡しサービスを購入し、送配電サービスのための料金を送配電会社に支払うこと
- 電力サービスを需要家に直接提供すること
- 需要家に REP の料金を請求し、回収すること
- 需要家に対して 24 時間無料の電話応対を提供すること
- 需要家の乗り換えおよびメーター情報に関して、テキサスの ISO である ERCOT

およびの市場参加者と通信する電子インターフェースシステムを開発すること
•ERCOTとともに電子インターフェースシステムの試験を行うこと
•需要家保護のための規則を含む通信規則を理解し、従うこと
（テキサス公益事業委員会ウェブサイト https://www.puc.texas.gov より）

国立標準技術研究所
NIST：National Institute for Standards and Technology

1901年に創設され、現在は合衆国商務省の一部となっているNISTは、米国で最も古い物理科学研究所のうちの一つである。英国やドイツや他の経済的競争国の能力に遅れをとり、二流規模の社会基盤であった当時の米国の産業競争力の不利益を取り除くために、合衆国議会がこの機関を創設した。今日、NISTの規模は、人間の髪の毛一本の先端に1万個組み込めるような非常に小さなナノスケールデバイスといった最も微細な技術から、耐震性超高層ビルや広翼型ジェット旅客機、グローバル・コミュニケーション・ネットワークといった人類が作り出す中で最も巨大で複雑な技術まで、サポートしている。
（NISTウェブサイト http://www.nist.gov より）

コジェネレーション（熱電併給・コジェネ）
CHP：Combined Heat and Power

コジェネレーションは、エンジンや発電機の熱を活用して、電気と熱を同時に作り出すものである。
コジェネは、熱力学的に有効な燃料利用法である。電気のみを単独で作り出そうとすると、幾分かのエネルギーは熱として捨てられるが、コジェネでは、この熱エネルギーは利用される。あらゆる火力発電所は、発電中に熱を放出する。この熱は、冷却塔や排煙ガスなどから自然環境に放出される。対照的に、コジェネでは副産物としての熱の一部または全てを回収する。コジェネは、発電所に非常に近い場所だけではなく、とりわけ地域熱供給のために約80～130℃の温水を利用しているスカンジナビアや東欧にも見られる。これは、熱電併給地域熱供給（CHPDH：Combined Heat and Power District Heating）とも呼ばれる。小規模コジェネプラントは、分散型エネルギーの一例である。副産物としての中温の熱（100～180℃）は、吸収式冷凍機を使用することで、冷却に使用することもできる。
コジェネ設備では、まず、高温ガスの供給によって蒸気タービン発電機が運転する。その結果生じる低温の廃熱が、温水や空調に用いられる。とりわけ1MWよりも小さい規模では、ガスエンジンやディーゼルエンジンが用いられる。
コジェネは、いくつかの最も初期の発電設備でも実際に用いられてきた。中央集中型配電以前は、産業は自家発電をし、廃蒸気は熱プロセスに用いられてきた。大規模な商用ビル、居住用ビル、ホテル、店舗は、一般的に自ら電気を発電し、建物暖房のために廃蒸気を利用してきた。購入する電気は高価だったため、電力会社の電気が入手可能になった後も、こうしたコジェネは長年にわたって運用されてきた。

コジェネは、パルプや製紙工場、製油所や化学工場で、現在でも一般的である。こうした「産業用コジェネ」では、とくに高温（100℃以上）で回復され、蒸気過程や乾燥工程に利用される。これは低級の廃熱よりもより貴重で柔軟である。しかし、わずかな発電損失がある。持続可能性への関心の高まりによって、産業用コジェネは、より魅力的になっている。それは、現場で燃料を燃やして蒸気を作ったり、電力系統から電力を購入するよりも、カーボンフットプリントを減少させるものだからである。

さ

資本金　Capital Stock

経済学的には、資本金や物的資本は、機械･建物･コンピューターといった生産要素（もしくは生産過程に投入されるもの）を示す。電力経済システムにおいては、発電機、産業機器、蓄電池ユニット、建物、家庭用電気製品、車両である。一般的に事業を始める全てのものである。それらは企業にとっては、物的資本の一部である。

スマートグリッド互換性パネル
SGIP (The Smart Grid Interoperability Panel)

先進的な電力システムの近代化に向けた技術的互換性のある規格の調和を通じて、電力システムの近代化に関する業務を支援する公的／私的な基金によるグローバルかつ非営利組織。SGIP のステークホルダーは、電力会社、メーカー、需要家および規制機関が含まれる。SGIP の目的は、互換性のあるスマートグリッド機器およびシステムの実測を加速させることである。SGIP は、スマートグリッド関連企業の隅々にわたるステークホルダーの協調および共同によりその目的を達成している。SGIP は以下のような形でスマートグリッドの互換性を促進している。

- 参考アーキテクチャーの開発およびガイドラインの実施
- 規格開発の促進および調和
- 確認試験、認証およびセキュリティ要件
- ステークホルダーへの情報提供および教育
- グローバルな互換性協定を確立するための派遣機関の運営

（Wikipedia より）

スマートメーター　Smart Meter

一般に、モニタリングおよび請求の目的のために、1時間ごと、あるいはそれよりも短い間隔で消費電力量を記録し、電力会社に少なくとも1日に一回情報を通信する電子機器。スマートメーターは､計測器と中央システムとの間で双方向通信が可能である。ホームエネルギー計測器とは違い、スマートメーターは遠隔報告のためのデータを収集できる。このような先進的計量インフラ（AMI）は、計測器で双方向通信が可能なこれまでの自動検診（AMR）とは異なる。

（Wikipedia より）

た

太陽光パネル　PV panel

屋根置きの太陽電池による発電システムは、一般家庭もしくは商業ビルの屋根・屋上に設置され、太陽光を電力に変換する一枚またはそれ以上の太陽光パネルを用いたシステムである。屋根置きの太陽光発電システムには、太陽電池モジュール、架台システム、ケーブル、インバータ、その他の電気的付属品などさまざまな構成要素がある。

地域系統運用組織　RTO：Regional Transmission Operator

州をまたぐ広域における電力の流通に責務を持つ米国の組織。欧州の送電系統運用者(TSO) と同様、RTO は送電システムを制御・監視し、協調させている。
独立系統運用組織 (ISO) は、連邦エネルギー規制局 (FERC) の指示または勧告に従って設立された組織である。ISO が設立された地域では ISO が電力システムの運用を制御・監視し、協調させており、通常は単一の州内であるが、複数の州を包含する場合もある。
一般に、RTO は ISO と同じ機能を持つが、地理的により広域の範囲をカバーする。
RTO は、1999 年 12 月 29 日に交付された FERC の命令（オーダー）2000 によって設立された。
RTO は以下の 4 つの特徴を持つ。

- 独立性：RTO は、いかなる市場参加者からも独立でなければならない。
- 地域構成と範囲：RTO は、しかるべき地域のために貢献しなければならない。
- 運用権限：RTO は、その管理下にあるすべての送電について運用権限を持たなければならない。
- 短期的信頼度：RTO は、運用する電力システムの短期的信頼度の維持に排他的な権限を持たなければならない。

RTO には、料金の設計と管理、混雑管理、潮流の冗長化、アンシラリーサービス、OASIS による総送電容量および利用可能送電容量、市場監視、拡張計画、州際協調の 8 つの機能がある。
FERC の権限下にあるのは米国にある電力会社のみであるが、FERC 管轄地域全体およびいくつかのメキシコ・カナダの電力会社を含む地域は、北米電力信頼度協議会 (NERC) と呼ばれるより広域の組織によってカバーされている。それ自体は一般的な国際互恵であるが、FERC によって導入された規則や勧告が、FERC 管轄地域外の NERC 加盟メンバーに自主的に受け入れられることも多い。したがって、カナダでは、米国の ISO と基本的に同等の組織である電力系統運用者 (ESO：Electric System Operator) を持つ州が 2 つある一方、米国を拠点とする RTO に加盟する州も 1 つある。
いくつかの ISO および RTO は、特に 1990 年代後半の電力自由化以降、卸電力の取引所としても機能している。その多くが FERC によって開発した運営モデルを用いた非営利の法人として設立されている。
(Wikipedia より)

仲介業者　Intermediary

TE システムには、エネルギーサービスグループ、輸送サービスグループ、仲介業者の主に3つのグループが存在する。エネルギーサービスのグループは、消費者、生産者、プロシューマー、またはエネルギー貯蔵設備の所有者などである。輸送サービスグループは、送電網または配電網の所有者である。仲介業者には、取引所、マーケットメーカー、小売り業者、システムオペレーターが含まれる。図1-8を参照のこと。

情報通信技術　ICT：Information and communications technology

情報通信技術（ICT）は、情報技術（IT）の拡張された同義語としてよく使用されるが、統一されたコミュニケーションと電気通信（電話回線と無線信号）、コンピューターの統合の役割を強調している。ICT は、必要な企業向けソフトウェア、ミドルウェア、ストレージ、およびオーディオビジュアルシステムを使用して、ユーザーが情報にアクセスし、保存し、送信し、操作できるようにする。
ICT という言葉は、1980 年代から学術研究者によって使われてきたが、1997 年のデニス・スティーブンソンによる英国政府報告書で使用され、2000 年の英国、ウェールズ、北アイルランドの改訂版国家カリキュラムで英国政府に報告された後に注目された。2013年9月現在、英国の国別カリキュラムにおける「ICT」という用語は、より広い用語「コンピューティング」に置き換えられている。
ICT という用語は、現在、単一のケーブルまたはリンクシステムを介して、コンピューターネットワークとのオーディオビジュアルおよび電話ネットワークを集中させることを指すためにも使用されている。単一の統一されたケーブル、信号分配および管理システムを使用して、電話ネットワークとコンピューターネットワークシステムを統合するため、大きな経済的インセンティブ（電話ネットワークの削除による莫大なコスト節約）がある。
(Wikipedia より)

直接負荷制御　DLC：Direct load control

直接負荷制御（DLC）は、家庭や施設以外の第三者が、電力系統のデマンドレスポンス（DR）に応じて、特定の消費者の負荷を、いつ、どのように制御するかを決めるシナリオのことを指す。DLC を実施する第三者の例としては、電力会社、独立系統運用者（ISO）、アグリゲーター、あるいはサードパーティー会社が挙げられる。DLC は、FCLC（施設集中型負荷制御）とは対照的である。FCLC では、施設もしくは企業の制御システム内で、どのように負荷を制御するかの決定が行われる。FCLC では、施設所有者は電力システム上の DR にどのように対応するかを自由に選択することができる。DR の自動化では、両方のアプローチが今日使用されている。
(Berkeley Lab より)

電力　Power

電力（パワー）は、電気回路を通過する電力量（電気エネルギー）の比率である。電力の単位はワットであり、ジュール / 秒に相当する。
電力は通常、発電機によって発電されるが、電池のような設備からも供給されることがある。電力は一般に、電力産業によって商業設備や一般家庭に供給される。電力は通常、電力 (kW) と運転時間 (h) の積である kWh で販売される。電力会社は、消費者に受け渡された電力量の総量を保存する電力計を用いて電力を計測する。
（Wikipedia より）

電力システム　Grid

電力システム（電力系統または電力網とも称される）は、生産者から消費者に電力を供給するために連系された電力のネットワークである。 電力を生産する発電所、遠隔地から需要中心地に電力を輸送する高圧送電線、個々の消費者と結ぶ配電線で構成されている。
発電所は、燃料源の近くやダムサイトにあるか、または再生可能エネルギー源を利用するために配置され、人口密度の高い地域から離れていることが多い。それらは通常、規模の経済を利用するため、かなり大きい。生産された電力は、より高い電圧に昇圧され、送配電網に接続される。
送電網は、卸売りの顧客（通常は地元の流通網を所有する会社）に達するまで、時には国境を越えて長距離電力を移動させる。
変電所に到着すると、電力は送電レベルの電圧から配電レベルの電圧に降圧される。変電所を出ると、配電線に入る。 最後に、サービス場所の需要家に到着すると、電力は配電電圧から必要なサービス電圧に再び降圧される。
（Wikipedia より）

独立送電系統運用機関　ISO：Independent System Operator

カリフォルニアにおける独立送電系統運用機関は CAISO である。カリフォルニア州の大部分の電力システム、送電線および電力会社が発電して送電する電力市場の運営を、CAISO が監督している。CAISO の主な使命は、電力システムを確実かつ効率的に運用し、公平でオープンな送電線アクセスを提供し、環境管理を促進し、効果的な市場を促進し、インフラ整備を促進することである。 CAISO は、世界最大の ISO の 1 つで、毎年 300 TWh の電力量を供給し、カリフォルニアの電力潮流の約 80% を管理している。
CAISO は、連邦エネルギー規制委員会（FERC）の勧告で、電気事業の卸売世代における、競争の障壁を取り除いた連邦エネルギー政策法の施行に伴い、州が電力市場を再編した 1998 年に創設された。州際送電線は連邦商取引法の管轄下にあるため、CAISO は FERC によって規制されている。
（Wikipedia より）

トランザクティブ・エナジー、取引可能な電力　TE (Transactive Energy)
電力のためのビジネスモデルおよび規制モデル、およびこのモデルのビジネスプロセス。

取引　Transaction
エネルギー（電力量）の取引は、プレーヤー間の支払いに基づくエネルギー（電力量）商品の交換として定義される。

な

入札　Tender
エネルギー（電力量）取引のためのひとまとまりの札（ビッド）あるいは支払い時の金銭の提供。

ネットメータリング　Net Metering
定められた料金期間中に、電力需要家の適切なオンサイト設備で発電され地域の配電設備へ受け渡されたエネルギー（電力量）と、電力会社から電力需要家へ供給されたエネルギーとを相殺するために用いられる電力需要家に対するサービス。
ネットメータリングの政策は、ネットメータリングが利用可能かどうか、売電の価値を保有できるのか、あるいはいつまで保有できるのか、売電の価値が（小売り・卸売りで）いくらになるのかなど、国ごとあるいは州や地域ごとに大きく異なっている。多くのネットメータリングに関する法律は、月ごとの kWh の価値の繰り越しや、接続料金、赤字分の支払い（すなわち通常の電力料金）、売電価値の年ごとの清算に関することである。固定価格買い取り制度 (FIT) や時間利用メータリングと異なり、ネットメータリングは単体で会計処理を実行でき、特殊な計測や事前合意や事前通知さえ必要としない。
ネットメータリングは再生可能エネルギーの私的投資を促進するためにデザインされた政策である。米国では、2005 年のエネルギー政策法の一部として、すべての公的電力公社は需要家にネットメータリングの要求に応えられるよう義務付けられている。
（Wikipedia より）

は

ピア・トゥ・ピア　P2P：Peer-to-Peer
ピア・トゥ・ピアのネットワークは、クライアントノードが中央サーバーによるリソース供給にアクセスを要求する集中型のクライアント＝サーバーモデルであるのに対して、ネットワークの中の個々のノード（「ピア」と呼ばれる）がリソースの供給者としても消費者としても行動する非集中型・分散型のネットワークアーキテクチャーの一形態である。

TE モデルにおけるピア・トゥ・ピアの取引の例としては、二者の生産者もしくはプロシューマー間のピア・トゥ・ピア取引があげられる。
（Wikipedia より）

フラッキング　Fracking

フラッキング、または水圧破砕は、加圧された流体によって岩石層に亀裂を生じさせる。それは自然に起こることもあるが、現在は、石油と天然ガスをシェール（頁岩）層から押し出すために使用されている。
いくつかの亀裂は自然に形成される。岩脈はその特例である。これにより、岩盤から貯留層へ、ガスや石油を到達させる。
水圧破砕の最初の使用は 1947 年であった。「水平流体破砕」と呼ばれる現代の破砕技術は、1998 年に初めて使用された。それはシェールガスの経済的な抽出を可能にした。高度に加圧された流体の噴射から得られるエネルギーは、岩石に新しい流路を作り出し、炭化水素の抽出速度および回収率を増加させる。2010 年には、世界中のすべての新しい石油・ガス井のうち、60％が水圧で破砕していると推定された。2012 年現在、250 万件の水力破砕作業が世界中の石油・ガス井で行われており、米国ではそのうち 100 万件を超える作業が行われている。
（Wikipedia より）

プレーヤー　Party

個人、家族もしくは団体のこと。プレーヤーの例としては、電力計で計測される消費者、プロシューマー、発電事業者、エネルギー貯蔵運用者、電気自動車の所有者、送電。配電系統運用者、取引所運営者、マーケットメーカー（値付け業者）、小売事業者、トレーダーが含まれる。
（訳注：原書の“party”は直訳すると「団体」であるが、本書では主に市場プレーヤーのことを指すため、「プレーヤー」という訳で統一している。）

プロシューマー　Prosumer

契約生産者（プロデューサー）と消費者（コンシュマー）が組み合わさった合成語。商業的環境では、プロシューマーは生産者と消費者の間の市場区分のことを指す。例えば、太陽光パネルをもつ一般家庭の消費者は電力を消費することも生産することも可能である。
（Wikipedia より）

分散型エネルギー資源　DER：Decentralized Energy Resource

分散型エネルギー資源（DER）は、オンサイト電源、地域エネルギーとも言われるが、それらは多くの小規模なエネルギー源から電力を発生させる。ほとんどの国では、大規模な集中型設備で発電を行っている。それらは、化石燃料（石炭、ガス）、原子力、大規模太陽光発電所、水力発電所などである。これらの発電所は、規模の経済性には優れているが、通常、電気を長距離送電し、環境に悪影響を及ぼしうる。分散型発電は、多くの供給源からエネルギーを集めることを可能にし、環境への影響を低減し、電力の安定供給を向上させる可能性がある。
分散型エネルギー資源には、以下のものが含まれる。

- コジェネ：　分散型コジェネは、蒸気タービン、天然ガス燃料電池、マイクロタービン、またはレシプロエンジンを用いて、発電機を回転させる。高温の排気ガスは、空間や水を加熱したり、吸収式冷凍機を利用した空調に用いられる。天然ガスを使用する方式に加え、分散型エネルギーのプロジェクトでは、バイオ燃料、バイオガス、埋立地ガス、下水道ガス、石炭層メタン、合成ガス、石油ガス関連といった、再生可能、もしくは低炭素燃料も含まれる。
- 太陽光パネル：　分散型電源としてポピュラーな電源は、太陽光発電パネルと太陽熱収集パネルである。これらには、建物の屋根上や野立てのものがある。
- 風車：　小型風車はメンテナンスが少なく済み、環境影響も低い。
- V2G (Vehicle to grid)：　次世代の電気自動車は、必要に応じて、車両の電池から電力システムへ電気を送る能力を有することになる。電気自動車のネットワークは、重要な分散型電源になり得る。
- 廃棄物発電：　自治体の固形廃棄物（MSW）や下水汚泥、食品廃棄物、家畜糞尿などの廃棄物は分解後、メタン含有ガスを排出する。集められたメタンガスは、ガスタービンやマイクロタービンの燃料となり、分散型電源として電気を生み出す。

ペイパル　Paypal

ペイパルは、支払いおよび送金をインターネットを介して行えるような国際的なe-コマースビジネスである。小切手や注文書のような従来の文書による支払いは、電子的なオンラインの送金サービスに取って変わられている。これは米国の経済措置リストの対象であり、合衆国法あるいは政府によって求められる他の規則や経済介入の対象でもある。
ペイパルは、オンライン販売業者やオークションサイト、他の商業ユーザーに手数料を課金し支払い手続きを実行するアクワイアラー（訳注：クレジットカード会社のように加盟店を獲得して業務を行う会社）である。手数料は販売者が用いる通貨や支払いに依存する。さらに、ペイパルを通じてクレジットカードで決済されたイーベイ (eBay) の購入は、販売者と購入者が用いる通貨が異なる場合、追加手数料が発生する。
2002年10月3日にペイパルはイーベイの完全子会社となった（訳注：2015年7月には再び独立してPayPal Holdings Inc.となっている）。ペイパルの本社は米国カリフォルニア州のサンノゼにあり、米国のオマハ、スコッツデール、シャーロット、ボストン、バルティモア、オースティンやインドのチェンマイ、バンガロール、アイルランドのダブリン、ダンダルク、ドイツのクレインマクノウ、イスラエルのテルアビブで活発に事業を行っている。
（Wikipediaより）

米国国家規格協会　ANSI：American National Standards Institute
この協会は、あらゆる分野のビジネスに直接的に影響を与える何千もの基準と指針を作成、交付、監督している。その対象範囲は、音響製品から建設機械、乳製品から家畜製品、エネルギー供給をはじめ、多岐にわたる。

北米電力信頼度協議会
NERC：The North American Electric Reliability Corporation
北米の大規模電力システムの信頼度を確保することを目的とする非営利の国際規制機関。NERC は「信頼度基準」を策定・制定しており、季節毎および長期の信頼度を毎年評価し、システム認識に基づいて大規模電力システムを監視し、産業従事者の教育・訓練・認証を行っている。NERC の管轄地域は、米国、カナダおよびメキシコのバハ・カリフォルニア州の北部を含み、大陸大に広がっている。NERC は北米の電力信頼度組織であり、米国の連邦エネルギー規制局 (FERC) およびカナダの政府規制機関の監督下にある。NERC の監督範囲は大規模電力システムの利用者、所有者、運用者を含み、約 3 億 3 千万人の人々のために奉仕している。
(NERC ウェブサイト http://www.nerc.com より)

ま

マイクログリッド　Microgrid
通常は、従来の集中型グリッド（マクログリッド）に接続されて運用する、発電、エネルギー貯蔵、および負荷のローカルなグループである。このマクログリッドとの単一の連系点は､解列することができる。マイクログリッドは自律的に機能することができる。
マイクログリッドの発電と負荷は、通常、低圧で連系される。電力システムの運用者の観点からみると、接続されたマイクログリッドは、あたかも 1 つの実体であるかのように制御することができる。
マイクログリッドの電源には、燃料電池、風力、太陽光、またはその他のエネルギー源が含まれる。複数の分散した電源や、より大きなネットワークからマイクログリッドを分離する能力により、信頼性の高い電力を提供できる可能性がある。マイクロタービンなどの発生源から発生した熱を局所的プロセス加熱または暖房に使用することができ、熱と電気の間で必要な柔軟性のあるトレードオフを可能にする。
(Wikipedia より)

マスタリソース ID　MRID：Master Resource ID
この仕様書は、EPRI（米国電力中央研究所）共通情報モデル（CIM）内で定義された電力システムオブジェクトの明白な参照指定をグローバルに提供し、公式化するアプローチを定義する。この文書では、まず、変電所の一意の識別子の要件を定義するが、変電所の CIM クラスに限定されない。CIM 内で定義された他のオブジェクトは、必要に応じて固有の識別子を持つことができる。
（Wikipedia より）

マーケットメーカー　Market Maker

TE マーケットメーカーは、特定の場所（または輸送のための場所のペア）および特定の先渡しの間隔で入札をすることによって、エネルギーとその輸送を同時に購入、または販売する準備ができている。
マーケットメーカーは、短期の小売買入札をしばしば実施する。カウンターパーティーが入札を受け入れるにつれて、マーケットメーカーは長期または短期の在庫を蓄積する。マーケットメーカーが長いポジションを有するとき、彼はその後の売買入札の価格を下げる。マーケットメーカーが短いポジションを取った場合、その後の売買ポジションの価格を引き上げる。 ほとんどのマーケットメーカーは、自動化マーケットメーキングアルゴリズムを使用している。
マーケットメーカーは、買い手と売り手、そして自動化されたエネルギーマネジメントシステム（EMS）が先渡し取引を行い、先渡し取引を実行できる先渡し入札を提供するため、TE にとって重要になる。
TE モデルでは、マーケットメーカーに加えて他の当事者が入札を行うことができる。参加者は、一般的に、最良価格の入札者を提供するマーケットメーカーを含むカウンターパーティーと取引する。
将来、規制当局がマーケットメーカーを監督する可能性が高い。マーケットメーカーはお金を生み出すか失う可能性があり、市場の安定に重要な役割を果たすからである。

民間電力会社　IOU：investor-owned utility

投資家所有の公益事業（IOU）は、公益事業（所有権にかかわらずしばしば公益事業と呼ばれる）とみなされる財またはサービスを提供する事業主体であり、政府の部署または公益事業協同組合の形態ではなく、民間企業として管理される。
このような事業者は、敷地内に自身では使い切れずに販売できるほどの油・ガス田を有するファミリー企業から、国際的な通信企業に及ぶ。しかし、いくつかの国では、政治的あるいはインフラ的な考慮から、電力をつくり届ける民間事業は、投資家所有の公益事業（IOU）と称される。
米国では、公益事業者はしばしば自然独占になる。それは、電力や水のようなものを生産し届けるためにインフラが必要となるが、それを建設し維持するためには多額の費用がかかるからだ。その結果、彼らはしばしば政府の独占企業であり、民間資本に所有されている場合は、公益事業委員会によって特別に規制されている。
テクノロジーの発展により、伝統的な公益事業の自然独占の側面がいくらか侵食されてきた。例えば、発電、電力小売り、通信、公共交通機関と郵便サービスは、いくつかの国で競争が激化しており、自由化、規制緩和、公共事業の民営化の傾向はますます高まっているが、公益事業の財・サービスを送るネットワーク・インフラは、概して独占的なままである。

公益事業は私的に所有することができ、また公的に所有することもできる。公的に所有されている公益事業には、協同組合および地方自治体の公益事業が含まれる。地方自治体の公益事業は、実際には都市の範囲外の地域を含む場合もあり、都市全体にサービスを提供しない場合もある。協同組合組織は、彼らが提供する消費者によって所有されており、彼らは通常、農村部にある。私的に所有されている公益事業は、投資家所有の公益事業会社とも呼ばれるように、投資家が所有している。
（Wikipedia より）

ムーアの法則　Moore's Law

ムーアの法則は、計算機ハードウェアの歴史上、集積回路上のトランジスタの数が約2年に2倍になるという観測である。この法則は、インテルコーポレーションの共同設立者、ゴードン・E・ムーア氏の1965年の論文にちなんで命名された。彼の予測は、長期的な計画を導く研究開発の目標を設定するために、この法則が現在半導体業界で使用されていることもあり、正確であることが証明されている。多くのデジタル電子デバイスの機能は、ムーアの法則がいう、処理速度、メモリー容量、センサー、さらにはデジタルカメラのピクセル数とサイズの発展などと密接に関連している。これらはすべて、指数関数的に向上している。この指数関数的な改善は、世界経済のほぼすべてにおいて、デジタル・エレクトロニクスの影響を劇的に高めた。ムーアの法則は、20世紀後半から21世紀初頭にかけての、技術的、社会的変化の原動力となっている。
インテル社の幹部であるデイビッド・ハウスは、チップ性能が18カ月に2倍になると予測していたため、この期間は18ヵ月と言われることが多い（より多くのトランジスタとその高速化の組み合わせによって加速された）。
この傾向は半世紀以上にわたって続いているが、ムーアの法則は、物理的または自然の法則ではなく、観測または推測とみなすべきである。2005年の情報では、少なくとも2015年または2020年まで続くと予想していたが、半導体の国際技術ロードマップの2010年のアップデートでは、トランジスタの数と密度が3年間で2倍になる2013年末には、成長が遅くなると予測されていた。
（Wikipedia より）

メガワット　MW：megawatt

1 MWは100万Wに等しい。落雷を含む多くの事象や機械は、この規模のエネルギー変換を生み出し、維持している。大型電気モーター、空母、巡洋艦、潜水艦などの大型艦艇、大規模なサーバーファームまたはデータセンター、大型加速器のような科学研究機器や、非常に大きなレーザーの出力パルスなどがある。大規模な住宅または商業用建物では、電気と熱で数MWを利用することがある。鉄道では、高出力の電気式機関車は、5～6 MWのピーク出力を持つのが一般的だが、それ以上のものもある。例えば、ユーロスターは12 MW以上を利用し、重量級ディーゼル電気機関車は通常3～5 MWを生産/利用する。米国原子力発電所は、夏は正味約500～1300 MWの容量を有する。
（Wikipedia より）

や

輸送　Transport
ある地点から他の地点へのエネルギー（電力量）の輸送すること。

ら

料金　Tariff
電気料金は、特定の供給者からの電力の請求書に関連する料金あるいは価格の目録である。時には簡単に、電力の料金として知られるが、この目録のタイプの構造は国ごとに異なることとなる。商業および住宅向けサービスを提供することが認可されている電力供給者が1つ以上存在する地域では、ここの競争的な供給者が徐々に変化することにより、正確な価格あるいは料金が課される機会もある。多くの場合は、電力料金の価格幅は、その地域内の電力会社の料金を監督する責任を負う政府機関に従うように構成されている。
（出典：Wisegeek http://www.wisegeek.com/what-is-an-electricity-tariff.htm ）

わ

割引現在価値　NPV：Net Present Value
金融の分野では、NPVは収入と支出のキャッシュフローの時系列であり、同一組織の個々のキャッシュフローの現在価値 (PV) の和として定義される。
すべての将来のキャッシュフローが収入（債券の利札および元本）であり、キャッシュアウトが購買価格のみである場合、NPVは単純に将来のキャッシュフローのPVから購買価格（それ自身がPVを持つ）を引いたものとなる。NPVは割引キャッシュフロー (DCF) 分析における中心的なツールであり、お金の時間的価値を用いて長期的プロジェクトを査定するための標準的な方法である。資本予算策定や、経済学、金融、会計を通じて広く用いられており、資金コストにして現在価値期間におけるキャッシュフローの超過や不足を測ることができる。
NPVは割引された資金の流入の総額と資金流出の総額との「差額」と説明することもでき、インフレーションや利益を考慮しながら、今日と現在のお金の現在価値を比較できる。
（Wikipediaより）

英数

TE システムインターフェース　TE System Interface
例えばあるプレーヤーに所有された機器やシステムを制御する EMS を実装する際に、TE プラットフォームを用いて入札および取引を通信するために、そのプレーヤーの TE インターフェースは TeMix プロトコルを利用する。

TE プラットフォーム　TE Platform
プレーヤー間の入札および取引を記録する電子サービス。プレーヤー同士の通信は TexMix プロトコルに基づく。

TE プラットフォームプロバイダー　TE Platform Provider
TE プラットフォームを主催するプレーヤーのこと。

TeMix (Transactive Energy Market Information)
単純なエネルギーおよび輸送の入札および取引を通信するためのエネルギー市場情報モデルを参照するために OASIS EMIX で定義されたもの。

TeMix プロトコル　TeMix protocol
OASIS EI および OASIS EMIX の定義されたプロファイル。このプロトコルは、エネルギーおよび輸送製品の入札、取引および受け渡しを通信するための取引可能なプロセスの自動化に焦点が当てられている。

翻訳者一覧

監訳

山家 公雄　京都大学大学院経済学研究科 再生可能エネルギー経済学講座 特任教授
エネルギー戦略研究所株式会社 取締役 研究所長
安田 陽　京都大学大学院経済学研究科 再生可能エネルギー経済学講座 特任教授
エネルギー戦略研究所株式会社 取締役 研究部長

各章翻訳担当

序章
陳 奕均　京都大学大学院地球環境学舎 博士後期課程
第 1 章
山東 晃大　京都大学大学院経済学研究科 博士後期課程
第 2 章
小川 祐貴　京都大学大学院 地球環境学舎 地球環境学専攻 博士後期課程
株式会社 E-Konzal 研究員
第 3 章
白石 智宙　京都大学大学院経済学研究科 博士前期課程
第 4 章
廣田 駿介　京都大学経済学部
第 5 章
陳 奕均
第 6 章
杉本 康太　京都大学大学院経済学研究科 博士後期課程
第 7 章
陳 奕均
用語集
中山 琢夫　京都大学大学院経済学研究科 再生可能エネルギー経済学講座 特定助教
安田 陽

山家公雄
やまかきみお

1956年山形県生まれ。1980年東京大学経済学部卒業。旧日本開発銀行入行、日本政策投資銀行エネルギー部次長、調査部審議役等を経て、現在エネルギー戦略研究所所長、京都大学特任教授、豊田合成㈱取締役、山形県総合エネルギーアドバイザー。著書に『オバマのグリーンニューディール』(2009年、日経新聞)、『再生可能エネルギーの真実』(2013年、エネルギーフォーラム)、『ドイツエネルギー変革の真実』(2015年、エネルギーフォーラム)、『再生可能エネルギー政策の国際比較』(編著、2017年、京都大学学術出版会)、『アメリカの電力革命』(編著、2017年、エネルギーフォーラム)等多数。

トランザクティブエナジー
持続可能なビジネスと電力の規制モデル

2018年2月15日　第一刷発行

著　者　スティーブン・バラガー／エドワード・カザレット
監訳者　山家公雄
発行者　志賀正利
発行所　株式会社エネルギーフォーラム
〒104-0061 東京都中央区銀座5-13-3　電話 03-5565-3500
印刷・製本所　錦明印刷株式会社
ブックデザイン　エネルギーフォーラム デザイン室
定価はカバーに表示してあります。落丁・乱丁の場合は送料小社負担でお取り替えいたします。

　ISBN978-4-88555-490-2